그림해설
급배수·위생시공도
보는 법·그리는 법

시공도위원회 지음
최하식 옮김

일본 옴사·성안당 공동 출간

그림해설 급배수·위생시공도 보는 법 그리는 법

Original Japanese edition
Zukai Kyuhaisui · Eisei Sekouzu no Mikata · Kakikata
Edited by Sekouzuiinkai
Copyright ⓒ1989 by Sekouzuiinkai
Published by Ohmsha, Ltd.

This Korean Language edition co-published by Ohmsha, Ltd. and SUNG AN DANG Publishing Co.
Copyright ⓒ2002
All rights reserved.

All rights reserved. No part of this publication may be reproduced, stored in a retrieval system, or transmitted, in any form or by any means, electronic, mechanical, photocopying, recording, or otherwise, without the prior written permission of the publisher.

　이 책은 Ohmsha와 성안당의 저작권 협약에 의해 공동 출판된 서적으로, 성안당 발행인의 서면 동의 없이는 이 책의 어느 부분도 재제본하거나 재생 시스템을 사용한 복제, 보관, 전기적, 기계적 복사, DTP의 도움, 녹음 또는 향후 개발될 어떠한 복제 매체를 통해서도 전용할 수 없습니다.

머리말

　급배수 위생설비의 시공도는 최근에 더욱 복잡해지고 있다. 건축물의 대형화, 요구 조건의 고도화와 더불어 건축에서 차지하는 설비공사 전체의 비율이 높아짐에 따라 급배수 위생설비와 건축, 공기조화, 전기, 기타 설비와의 관계가 복잡해져, 단순히 설계도를 확대한 정도의 시공도로는 더이상 실용적인 기능을 하지 못하고 있는 실정이다. 즉, 다른 업종과의 충분한 조정을 거쳐, 다시 시작하거나 고치는 작업이 없는 시공도가 요구되고 있다.

　그러나 기술자 부족으로 인해 충분한 교육 기간도 없고 기술적으로도 미숙한 지도자를 현장에 배치해 시공도를 그리게 함으로써 시공을 실시하도록 하는 것이 업계의 현실일 것이다.

　원래 시공도 작성의 고유 기술은 현장의 일상 업무중에 선배로부터 개인적으로 지도·습득받게 되는 경우가 많아 기준화되지 않은 부분이 있어서 통일되지 않은 것도 많다. 시공도 작성 기술은 현장에서 경험적으로 습득하면 된다는 견해도 있지만, 체계적인 교육이 없는 한 시공도 작성 기술의 진보도 느리고 현장 시공을 다시 시작하거나 고치는 일도 생기게 된다.

　이 책은 이들의 고유 기술을 체계적으로 정리한 것으로, 위생설비 시공도의 읽는 법·그리는 법의 지도·교육에 도움이 될 것으로 기대된다. 체계적인 교육 지침이 있다면, 시공도 작성 기술은 경험적으로 습득하는 것보다는 단기간에 익힐 수 있게 될 뿐만 아니라 작성된 시공도에도 개인차가 없어지게 될 것이다.

　또한 이 책에 수록된 내용 정도의 지식을 숙지하게 되면 시공도에 대한 이해도 빠르고 어느 정도의 시공도를 그리는 것도 용이해질 것이다. 위생설비의 시공도 작성 역시 CAD화되었지만, CAD에 입력하기 위해서라도 이 책의 내용 정도는 숙지해둘 필요가 있을 것이다.

　이 책을 정리함에 있어서, 전제 조건은 다음과 같다.

1. 비교적 경험이 적은 입사 3년차를 대상으로 정리하였다.
2. 시공도 그리기의 기본 사항은 가급적「空氣調和施工圖の 見方·かき方(공기조화 시공도의 읽는 법·그리는 법)」((日)オーム社 발행)의 내용과 통일시켰다.
3. 도면·실례 등은 $3000\,m^2$ 정도의 사무실 빌딩을 가상하여 작성하였다. 규모가 커져도 기본적으로는 같으므로 다른 건축 용도에 대해서도 이 책이 응용될 수 있도록 구성하였다.
4. 위생설비 공사에서 집합 주택을 다른 건축물과 함께 다루는 것은 무리가 따르기 때문에 12장에 별도로 기술하였다.

일본 시공도위원회

차 례

제1장 시공도의 목적

1·1 시공도의 목적·요점 1
　[1] 시공도의 목적 1
　[2] 시공도 작성상의 요점 1

제2장 시공도 그리는 법·읽는 법

2·1 시공도를 그리기 위한 조건·순서 2
　[1] 시공도를 그리기 위한 조건 2
　[2] 시공도의 종류 2
　[3] 시공도를 그리는 시기 2
2·2 시공도 읽는 방법 5
　[1] 시공도를 읽는 사람 5
　[2] 시공자측에서 시공도를 읽을 때 5
　[3] 시공도에서 읽는 방법과 포인트 5

제3장 작성상의 유의 사항

3·1 시공도의 절차 7
　[1] 승인까지의 플로 7
　[2] 작성상의 요점 8
　[3] 작성시에 필요한 도면 8
　[4] 사용하는 도구·용지 8
3·2 작성시의 결정 사항 10
　[1] 건축도의 레이아웃 10
　[2] 도면의 축척 10
　[3] 평면도의 분할 10
　[4] 도시 기호 11
　[5] 도면의 타이틀 11

[6] 건축 키 플랜 ·· 12
　　[7] 도면 번호 ·· 12
3·3 작성시의 유의 사항 ·· 13
　　[1] 중심선의 표시 ·· 13
　　[2] 실명과 천장 높이의 표시 ·· 13
　　[3] 변경·정정의 표시 ·· 13
　　[4] 별도 공사 구분의 표시 ··· 14
　　[5] 접속부분에 타 설비와의 표시 ··· 15
　　[6] 개구부에 대한 배려 ·· 15

제4장　설계 체크의 기본 사항

4·1 수수 탱크·고가 탱크의 산정 ·· 16
　　[1] 용량 산출 방법 ·· 16
　　[2] 수수 탱크의 용량 ·· 16
　　[3] 고가 탱크의 용량 ·· 16
4·2 저탕 탱크의 산정 ·· 18
　　[1] 가열 장치의 열원과 종류 ·· 18
　　[2] 용량 산정 방법 ·· 18
　　[3] 사용 인원에 의한 방법 ··· 18
　　[4] 기구 수에 의한 방법 ·· 20
　　[5] 저탕식 가열 장치 ·· 21
　　[6] 간접 가열 장치의 가열 코일 ··· 22
　　[7] 음료용 급탕량 ··· 23
　　[8] 열탕기의 가열 장치 ··· 23
4·3 급탕 설비의 안전 장치 ·· 24
　　[1] 팽창 수량 ·· 24
　　[2] 릴리프 파이프 ··· 24
　　[3] 릴리프 밸브·안전 밸브 ··· 25
4·4 배수조의 산정 ··· 26
　　[1] 용량 ·· 26
　　[2] 구조 ·· 27
4·5 양수 펌프의 산정 ·· 27
　　[1] 펌프 양수량의 산정 ··· 27
　　[2] 펌프 전양정의 산정 ··· 27
　　[3] 펌프의 축동력 ··· 27

4·6 배수 펌프의 산정 28
　　[1] 펌프 양수량의 산정 28
　　[2] 펌프 전양정의 산정 28
4·7 급탕 순환 펌프의 산정 29
　　[1] 펌프 순환 수량의 산정 29
　　[2] 펌프 전양정의 산정 29
4·8 옥내 소화전 펌프의 산정 30
　　[1] 펌프 양수량의 산정 30
　　[2] 펌프 전양정의 산정 30
　　[3] 수원의 유효 용량 30
4·9 펌프의 선정 32
　　[1] 펌프 선정상의 주의 32
　　[2] 선정 범위 32
　　[3] 성능 곡선 32
　　[4] 수온과 흡입 양정 34
　　[5] 단독 운전과 병렬 운전 34
4·10 관 지름의 결정 35
　　[1] 급수관의 관 지름 35
　　[2] 급탕관의 관 지름 38
　　[3] 배수·통기관의 관 지름 40
　　[4] 우수(雨水)관의 관 지름 44
　　[5] 우수(雨水) 유출량 45
　　[6] 원형관의 유량(流量) 46
4·11 설계 계산 예 47
　　[1] 급수 설비 47
　　[2] 급탕 설비 49
　　[3] 배수 설비 52

제5장　건축 관련도

5·1 건축 관련 도서의 용도 및 사용 방법 54
　　[1] 설계도 54
　　[2] 구조도 57
　　[3] 골조도 58
　　[4] 철골도 59
　　[5] 부분 상세도 60

5·2 골조도 트레이스 상의 주의 61
　　[1] 트레이스 상의 주의 61
　　[2] 시공도에 필요한 구조체 선·치수선 61
　　[3] 트레이스의 실례 62

제6장　슬리브, 인서트도

6·1 작도 전에 준비할 사항 63
　　[1] 건축 설계도 63
　　[2] 건축 시공도 63
　　[3] 설비도 63
　　[4] 기타 63
6·2 사전에 체크해서 확인해 둘 사항 64
　　[1] 슬리브 종류의 결정 64
　　[2] 슬리브 사이즈의 결정 64
　　[3] 건축 구조에 따른 제약 조건의 확인 65
　　[4] 인서트 종류의 결정 65
　　[5] 인서트 간격 및 사이즈의 결정 66
　　[6] 기타 66
6·3 표현할 내용과 표시 방법 68
　　[1] 슬리브의 표시 방법 68
　　[2] 인서트의 표시 방법 69
　　[3] 기입 예 70
6·4 작도상의 유의 사항 71
　　[1] 슬리브, 인서트의 기입 방법 71
　　[2] 주의할 점 71
　　[3] 작도 예 72

제7장　설비 복합도

7·1 목적과 종류 73
　　[1] 설비 복합도의 목적 73
　　[2] 설비 복합도의 종류 73
7·2 표시 방법 76
7·3 작도상의 유의 사항 77

제8장 기기의 배치와 스페이스

8·1 기기 배치 장소와 주요 설치 기기 ·················· 78
   [1] 기기의 배치 ·················· 78
   [2] 기기 배치상의 주의 사항 ·················· 78
   [3] 기기 배치의 요점 ·················· 79

제9장 파이프 샤프트의 배관 배치

9·1 파이프 샤프트의 종류와 배관 배치 ·················· 82
   [1] 샤프트의 종류 ·················· 82
   [2] 배관 배치의 조건 ·················· 83

제10장 배 관

10·1 확인·주의 사항 ·················· 84
   [1] 작도 전의 확인·주의 사항 ·················· 84
   [2] 관 내 유체와 관 종류 ·················· 85
   [3] 이음의 종류와 사용 구분 ·················· 86
   [4] 관의 구배 ·················· 87
   [5] 배관의 간격 ·················· 88
10·2 배관의 표시 ·················· 89
   [1] 배관의 종별 ·················· 89
   [2] 이음류의 표시 ·················· 90
   [3] 단선·복선의 구분 ·················· 90
   [4] 배관의 올림·내림 ·················· 91
   [5] 천장 배관과 바닥 밑 배관 ·················· 92
10·3 밸브류의 표시 ·················· 93
   [1] 밸브류의 종별 ·················· 93
   [2] 밸브류의 기입 방법 ·················· 94
   [3] 밸브 장치의 기입 방법 ·················· 95
   [4] 밸브의 설치 높이 ·················· 95
10·4 배관 치수의 기입 방법 ·················· 96
   [1] 수평 설치 배관 ·················· 96
   [2] 수직관 ·················· 97
10·5 위생 기구 주변의 배관 ·················· 98
   [1] 사용하는 도구 ·················· 98

[2] 기구의 기입 방법 ·· 99
　　　[3] 기구의 배치와 설치 방법 ··· 100
　　　[4] 타일 면에 설치하기 ·· 102
　　　[5] 기구 주변의 배관 ·· 103
　10·6 분기, 지지 부속품 ·· 108
　　　[1] 주관에서의 분기 ·· 108
　　　[2] 배관의 지지 ··· 109

제11장 옥외 배관

　11·1 확인·주의 사항 ··· 112
　　　[1] 건축과 설비의 확인·주의 사항 ·· 112
　　　[2] 용도와 종류 ··· 113
　　　[3] 관통부의 절연 ··· 113
　　　[4] 관의 구배 ··· 113
　11·2 옥외 배관 시공도의 작성 및 주의할 점 ··································· 114
　　　[1] 옥외 배관도 ··· 114
　　　[2] 상세도 ·· 115
　　　[3] 종단면도 ·· 116
　　　[4] 배수관의 구배 ··· 116
　　　[5] 배수 수채통의 설치 조건 ··· 117
　　　[6] 관 지름의 결정 ··· 117
　11·3 수채통, 변류통(変流筒), 맨홀 등의 종류 ································· 118
　　　[1] 배수 수채통 ··· 118
　　　[2] 밸브 통, 밸브 박스 ·· 119
　　　[3] 맨홀 ·· 119

제12장 집합 주택

　12·1 확인·주의 사항 ··· 120
　　　[1] 건축 관련 확인·주의 사항 ··· 120
　　　[2] 설비 관련 확인·주의 사항 ··· 121
　12·2 급배수 설비도의 작성 및 주의할 점 ··· 125
　　　[1] 미터 샤프트의 마무리 ·· 125
　　　[2] 주택 내 배관 마무리 ·· 126
　　　[3] 온수기 주변의 배관 지지 및 본체의 전도 방지 ·················· 130

[4] 바닥 위 배관도를 그리는 방법 ·· 131
　　[5] 치수선을 끌어내는 순서 및 주의할 점 ······································ 132
12·3 환기 설비도의 작성 및 주의할 점 ·· 133
　　[1] 덕트의 계통별 재질 ·· 133
　　[2] 기구류의 선정 ·· 133
　　[3] 각 기기 및 덕트의 최소 마무리 치수 ·· 134
　　[4] 덕트의 저항 계산법 ·· 138
　　[5] 레인지 후드의 환기량 계산법 ·· 139
　　[6] 주택 내의 덕트도 그리는 방법 ·· 140
　　[7] 덕트의 치수 기입 방법 ·· 142

제13장　시공도 체크 리스트

·· 144
시공도 샘플 ·· 149
　(1) 지하층 기계실의 배관 평면도 ·· 150, 151
　(2) 지하층 기계실의 배관 단면도 ·· 152, 153
　(3) 천장 배관 평면도 ·· 154, 155
　(4) 화장실 주변의 배관 상세도·단면도 ···································· 156, 157
　(5) 화장실 주변의 기구 배치도 측면도(타일 레이아웃도) ········ 158, 159
　(6) 열탕실 배관 상세도·단면도 ·· 160, 161
　(7) 고가 탱크 주변의 배관 평면도 ·· 162, 163
　(8) 고가 탱크 주변의 배관 단면도 ·· 164, 165
　(9) 외장 배수관의 평면도·단면도 ·· 166, 167

부록

부록Ⅰ 건축 및 급배수 약어와 기호표 ·· 196
부록Ⅱ 그림해설 건축설비 기호 ·· 202

제1장 시공도의 목적

1·1 시공도의 목적·요점

〔1〕 시공도의 목적

설계도는 건물의 시공주, 사용자 등의 요구 조건을 기초로 설계자에 의해 작성되는 기본적인 공사 계획서이다. 그러나 공사를 실시할 때는 구체적이고 상세하게 공사의 내용을 기재한 도면, 즉 **시공도**를 필요로 하게 된다. 시공도를 작성함으로써 시공의 경제성, 시공성, 마감, 안전성 등을 설계의 취지에 따라 다른 업종과 조정할 수 있다. 또 시공도는 작업자에 대한 작업 지시서이며, 시공도로 개개의 작업자에게 일을 지시하고 자재를 준비하게끔 한다. 설계 취지를 충분히 이해하고 작업의 순서, 방법, 스페이스 등을 파악하지 못하면 훌륭한 시공도를 그릴 수 없다. 시공도의 우열은 시공 품질에 직접 영향을 미치기 때문이다.

위생설비 시공도의 목표는

가. 고객의 요구 조건에 부합될 것

나. 고치거나 다시 그리거나 하는 일 없이 시공할 수 있는 도면일 것

다. 작업자가 이해하기 쉬운 내용의 도면일 것

〔2〕 시공도 작성상의 요점

요점은 다음과 같다.

가. 설계도서에 의도된 기능·성능과 내구성을 확보할 것

나. 시공성이 좋고 에너지 절감이 고려된 경제적인 자재일 것

다. 시공 공정에 여유 있게 작성·승인을 받을 것

라. 시공상의 안전성이 반영되어 있을 것

마. 누가 그려도 레벨에 차이가 없도록 기준화를 도모할 것

바. 마무리상의 미관과 보수의 용이성을 고려할 것

사. 증·개축 등에 대한 고려가 되어 있을 것

제2장 시공도 그리는 법·읽는 법

2·1 시공도를 그리기 위한 조건·순서

[1] 시공도를 그리기 위한 조건

설계도는 위생설비의 완성된 모양을 도면화한 것이며, 경제성, 시공성, 안전성에 대한 검토는 충분하지 않다. 또, 다른 업종과의 관련 업무도 포함되지 않기 때문에 설계도가 그대로 실제의 시공도가 되는 것은 아니다. 따라서, 시공도를 그리는 사람은 시공도를 작성할 때 설계도를 다시 체크할 필요가 있다. 이를 위해 다음의 기본 지식이 필요하다.

가. 급수량, 급탕량의 계산, 각종 관 지름의 결정에서부터 수수 탱크, 고가 탱크, 양수 펌프, 저탕 탱크의 계산이나 설계 등을 어느 정도 할 수 있어야 한다.
나. 건축 구조도, 기본 설계도 등을 이해할 수 있어야 한다.
다. 설계 주지, 시방서, 요령서를 이해할 수 있어야 한다.
라. 변경에 따른 설계도의 작성, 기기의 적정 배치를 할 수 있어야 한다.
마. 건축기준법, 소방법, 수도법, 하수도법 등의 관련 법령 등을 이해하고 있어야 한다.

[2] 시공도의 종류

위생설비 시공도의 종류는 일반적으로 다음과 같다.

가. 슬리브, 인서트도
나. 각층 배관도(평면도, 단면도)
다. 각 부분 배관 상세도(화장실, 세면실, 열탕실, 욕실, 식당, 주방, 기계실, 수조실, 파이프 샤프트 등)
라. 기기 배치도
마. 기구 설치도
바. 계통도
사. 기기 제작도, 금속류의 제작도
아. 복합 설비도
자. 기타 외장도

[3] 시공도를 그리는 시기

기본적으로는 건축 시공도의 작성 공정에 기초를 두고 위생설비 시공도 작성 계획서(시공도 리스트)를 작성하여 시공까지의 플로에 따라 시공 계획 및 기기 제작 계획을 입안하며, 공정에 늦지 않도록 시공도를 작성한다. 아래에 시공까지의 플로와 위생설비 시공도의 작성 계획서 예를 나타낸다.

2·1 시공도를 그리기 위한 조건·순서

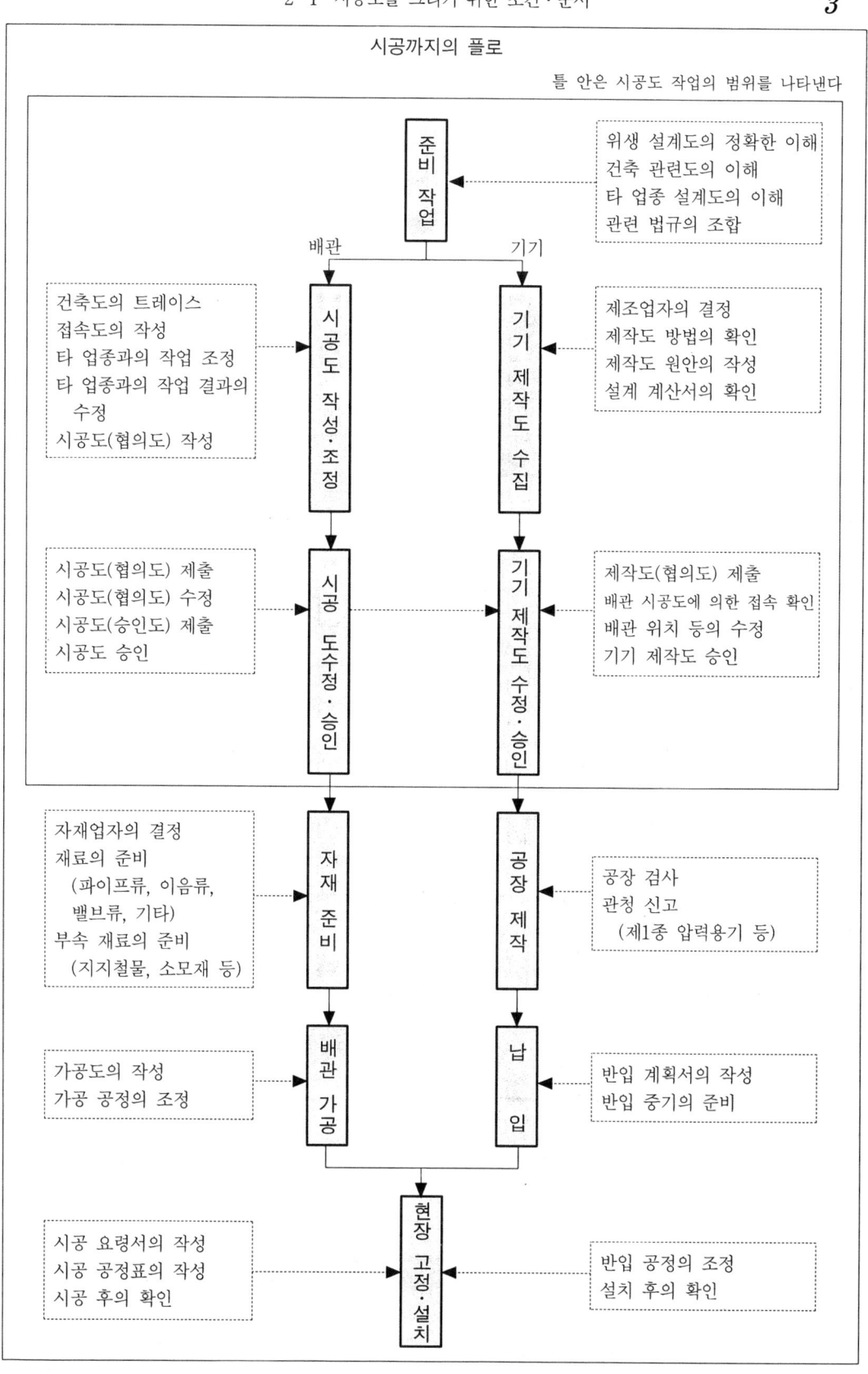

시공도 작성 계획서(시공도 리스트)

공사명 ○○○빌딩 위생설비공사

도번	도면명칭	축척	완료예정일	제출일	승인반환일	비고
P-01	B2F 피트 내 평면도	1/50	3/25	4/ 5		
P-02	B2F 기계실 평면도	1/50	4/10	4/15		
P-03	B2F 수수조 주변 상세도	1/20	4/26	5/ 2		
P-04	B1F 소화관 평면도	1/50	4/ 4	4/15		
P-05	1F 평면도	1/50	4/18			
P-06	1F 화장실 상세도	1/20	4/16			
P-07	1F 탕비기 주변 상세도	1/20	4/18			
P-08	2F 평면도	1/50	4/ 6			
P-09	2F 탕비실 평면도	1/20	4/26			
P-10	3F 평면도	1/50	4/10			
P-11	3F 탕비실 평면도	1/20	4/28			
P-12	4F 평면도	1/50	4/10			
P-13	4F 화장실 상세도	1/20	4/15			
P-14	RF 평면도	1/50	4/10			
P-15	PH1F 평면도	1/50	4/10			
P-16	2F 화장실 상세도	1/20	4/ 9			
P-17	3F 탕비실 상세도	1/20	4/11			
P-18	4F 탕비실 상세도	1/20	4/13			
P-19	계통도	—	4/24			
P-20	고가 탱크 주변 상세도	1/20	4/22			
P-21	가스 미터 주변 상세도	1/20	4/23			

시공도 원도의 정정란(예)

정	
정	

주) 시공도 작성 후의 추가, 변경 등 수정 사항의 기입 란으로 사용한다.

2·2 시공도 읽는 방법

[1] 시공도를 읽는 사람

시공도를 읽는 사람은 건물의 시공주, 설계 사무소의 감리자와 시공자 측의 관리자, 감독자, 작업자로 광범위하지만 읽는 사람에 따라 각각 그것을 읽는 방법과 목적이 다르다. 시공주, 설계 사무소의 감리자는 고객의 요구 조건이 반영되어 있는가, 고객의 요구 품질이 충족되어 있는가, 설계도서의 내용에서 벗어나지 않았는가, 설계도와 대조해서 빠진 곳이 없는가 등을 확인하기 위해 시공도를 읽는다.

한편, 시공자 측에서 시공도를 읽는 사람은 다음과 같이 나뉜다.

가. 관리자 : 과장, 현장 소장 또는 그에 준하는 사람.

나. 감독자 : 현장 감독으로 작도 책임자를 겸하는 경우가 많다.

다. 작도자 : 시공도 작성자로서, 고객이 요구하는 품질을 타 업종과 조정하여 시공도로 표현하는 사람이며, 일반적으로는 현장 작업이 시공도에 맞는 시공인가를 체크하는 역할도 한다.

라. 작업자 : 직·공장 또는 그에 준하는 곳에서 일하는 사람.

[2] 시공자측에서 시공도를 읽을 때

관리자는 시공도를 체크해야 하지만, 작업자가 작도한 시공도를 세부 사항까지 모두 체크할 수는 없다. 작도자에게는 작도하기 전에 필요한 유의 사항, 타 업종과의 관련, 원설계 변경 사항 등이 지시, 지도된다. 또 작도 완료시에는 감독자가 지적한 사항을 관리자가 체크하는 것이 일반적이다. 관리자가 체크할 점은 시공도의 요점으로 한정된다. 설계·시공·원가·안정성의 각 방면에서 객관적으로 시공도를 읽고, 문제점에 대해서는 작도자에게 무엇이 문제인가를 잘 이해, 납득시켜 도면을 정정하도록 해야 한다.

감독자는 작도자의 시공도가 작업자에게 틀린 지시 또는 차후에 트러블이 되지 않도록 각 부분에 대해서 시공도를 치밀하게 체크해야 한다. 작도자는 세부 사항에 대해서는 자세하지만 전체를 파악하지 못하기 쉬우므로, 다른 업자와 마무리상의 트러블이나 여분의 재료를 준비할 필요가 있는 등 염려되는 부분은 작도자와 함께 체크하고 시공도의 정정을 지도한다.

작업자는 시공도를 읽고 도면대로 작업을 진행하게 되므로, 도면은 읽기 쉽고 알기 쉬워야 한다. 읽기 어려운 도면이나 다시 그리기·고치기가 많은 시공도는 공정면, 안전면 및 원가에 악영향을 미치게 된다.

[3] 시공도 읽는 방법과 포인트

시공도는 읽는 사람에 따라 읽는 방법의 포인트도 달라진다. 누가 읽어도 알기 쉬우며 작업자에 대해서 시공성이 좋고 다시 그리기·고치기가 없어야 한다. 또 설비가 사용하기 편리한 배치로 되어 있고 보수·보전이 쉬우며 설비 갱신에 대한 배려가 되어 있는지의 여부도 시공도를 읽는 데 중요한 포인트이다.

이들의 포인트를 열거하면 다음과 같다.

가. 평면도는 단면의 마감을 염두에 두고 그렸는가.

배관류의 교차 부분에 대한 높이 관계를 마무리할 때, 쉽게 이해할 수 있도록 평면도가 말끔하게 되어 있으면 마무리도 좋을 것이다.

나. 평면도에서 나타내기 어려운 복잡한 부분도 단면도로 그렸는가.

단면도는 요점만 표현하기 때문에 평면도에 여백이 있으면 그곳에 그려 넣는 것이 알기 쉽다.

다. 기기에 대한 접속 배관은 무리하게 되어 있지 않은가.

시공도에 맞춘 기기의 접속 위치로 발주를 하도록 해야 한다(탱크류의 플랜지 설치의 위치, 방향 등).

라. 기기 설치 위치는 적절한가.

설계도상의 위치를 검토하지 않고 그대로 설치한 예가 많다. 좁은 스페이스에 무리하게 설치하는 것은 배관 재료를 낭비하는 것이 되고, 경제적이지 못할 뿐만 아니라 기능적으로도 바람직하지 못하며 보수 관리도 불편하다.

마. 기기의 보수 점검 스페이스는 확보되어 있는가.

보수 점검 통로를 확보한다.

저탕 탱크의 코일을 끌어낼 수 있는 스페이스를 확보한다.

배수 수중 펌프의 매달기 높이를 확보한다.

바. 배관 사이즈에 낭비는 없는가.

사. 보수 관리상 필요한 밸브류는 조작이 쉬운 장소에 설치되었는가, 또 빠진 것은 없는가.

아. 배관을 통해서는 안 되는 스페이스가 배관 경로로 되어 있지는 않은가, 전기실·전산실 등의 천장 내에 배관이 없는지를 확인한다.

제3장 작성상의 유의 사항

3·1 시공도의 절차

〔1〕 승인까지의 플로

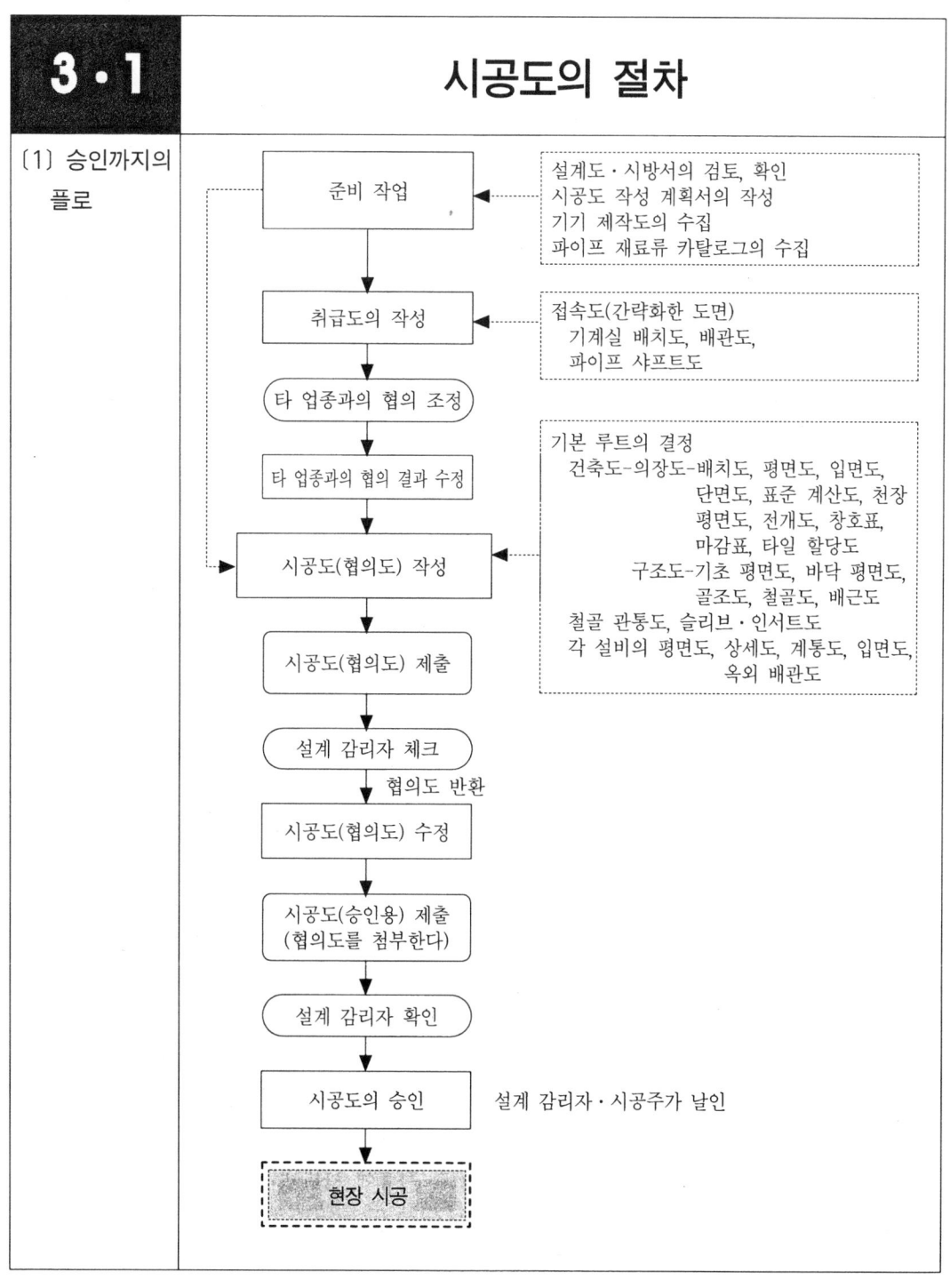

〔2〕 작성상의 요점	제2장 시공도의 그리기·읽기 방법에서 설명한 요점 이외에, 다음의 세부 사항에 대해 주의해야 한다. 가. 건축 공사나 타 설비와의 관련성을 충분히 이해하고, 상호 적합성을 확인한다. 나. 건축 공사와 타 설비와의 관련 공정에 늦지 않도록 충분한 여유를 가지고 작성한다. 다. 현장의 계획은 시공도가 기본이 된다는 점을 잊지 말아야 한다. 라. 설계도·시방서 등 설계 도서를 충분히 이해하고, 설계자의 의도를 바르게 표현한다. 마. 관계 법규를 충분히 이해하여 도면에 반영한다. 바. 보수·보전에 필요한 스페이스와 개구·점검구를 확보한다. 사. 공사 구분이나 관련 공사를 알기 쉽게 표시한다. 아. 시공도는 곧 코스트와 연관되므로 무리나 낭비가 없는 마감과 효율이 높은 루트를 고려한다. 자. 마감이 엄격한 장소는 타 설비도 함께 기입한다. 차. 문자·치수를 기입할 때는 읽기 쉬운 위치에 읽기 쉬운 글자로 쓴다. 카. 도면을 발행할 때는「접속도」,「협의도」,「검토도」,「승인도」등 그 목적의 구별을 확실하게 하고 발행 연월일을 기입한다. 타. 변경이나 추가 사항이 생겼을 때는 빨리 도면을 정정하고, 정정한 곳과 내용을 정정란에 기입한다.
〔3〕 작성시에 필요한 도면	시공도 작성상 필요하다고 생각되는 타 공사의 도면 등은 앞면「승인도까지의 플로」에서도 나타냈지만, 작도하는 도면의 종류, 시기에 따라 필요한 도면 등을 준비한다. [준비 단계] 가. 건축도, 설계도 나. 건축 구조도 다. 공조설비 설계도 라. 전기설비 설계도 마. 기타 공사 설계도 바. 관련 카탈로그류 사. 관련 기기류 참고도 [작성시] 가. 건축 골조도 나. 건축 상세도 다. 건축 관련 제작도 라. 공조설비 시공도 마. 전기설비 시공도 바. 기타 공사 시공도 사. 설비 복합도, 협의 조정도 아. 관련 기기류 제작도
〔4〕 사용하는 도구·용지	시공도를 작성하기 위한 도구를 다음에 나타낸다. 가. 드래프터 나. 샤프 펜슬(0.5 mm, 0.3 mm) 다. 삼각 스케일(30 cm, 15 cm)

라. 삼각자(대, 중, 소)

마. 컴퍼스(대, 중)

바. 원 그리기 자

사. 사각형 그리기 자

아. 문자판 A, B, C …… (대, 중, 소)

　　　　1, 2, 3 …… (〃　〃　〃)

자. 지우개판

차. 위생기구 형판(1/100, 1/50, 1/30, 1/20)

카. 배수용 이음 형판(1/50, 1/30, 1/20)

이 밖에 기기 제작도와 파이프 자재류 카탈로그 등을 준비하면 좋다(파이프 이음, 밸브, 방진 이음, 배수 금속구 등).

사용하는 용지는 다음과 같은 종류가 있으며, 사전에 정해야 한다.

종 류	지 질	주변의 처리	인쇄의 유무	크 기
트레이싱 페이퍼	미 농 지 황 산 지 기　　타	잘라버림 재봉틀질 결　합 잘라버림	회사명 기입 자　　사 무　　지 일반 청부업자	A 1 A 2 기 타

도면의 크기

종이 가공 마무리 치수
(JIS P 0138)

열 번호	A 열 [mm]
0	841×1189
1	594× 841
2	420× 594
3	297× 420
4	210× 297
5	148× 210
6	105× 148

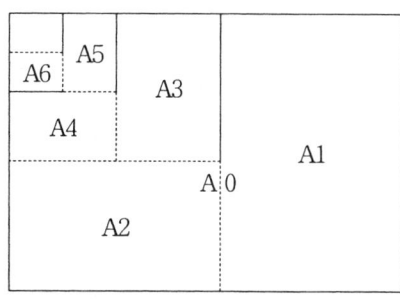

3·2 작성시의 결정 사항

[1] 건축도의 레이아웃

1매의 도면에는 타이틀·정정란의 스페이스가 필요하고, 키 플랜, 기구표 등을 포함시키는 경우도 있으며, 이들의 스페이스를 가미하여 건축도의 위치를 균형 있게 배치하는 것이 필요하다.

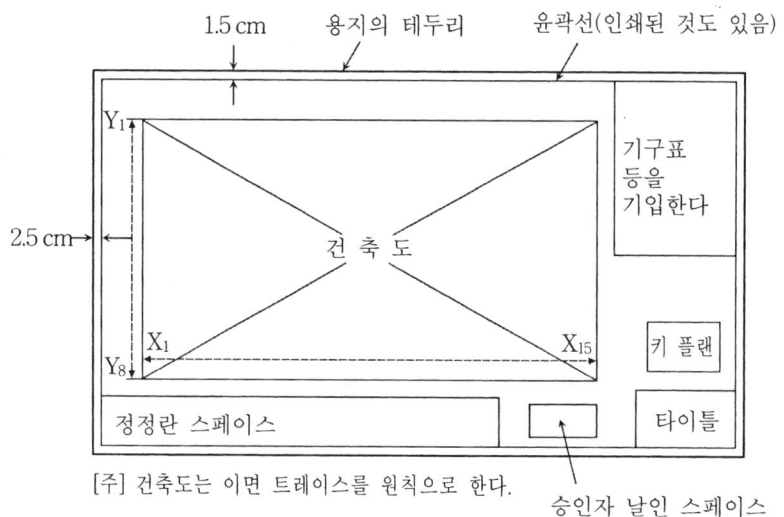

[주] 건축도는 이면 트레이스를 원칙으로 한다.

[2] 도면의 축척

배관 경로를 표시하는 평면도와 배관의 설치를 표현하는 상세도에서는 각각의 축척이 다르다. 단순한 배관의 설치 표현 방법과, 복잡한 것을 알기 쉽게 표현하기 위한 확대 도면에서는 자연히 그 축척이 달라진다.

일반적으로 많이 사용되는 축척을 다음 표에 나타낸다.

도 명	축 척
기기 배치도	1/50 또는 1/100
일반 평면도, 단면도	1/50 또는 1/100, 1/20
기계실	1/50 또는 1/20
샤프트도	1/20, 1/10
각 상세도	1/20, 1/10

[3] 평면도의 분할

큰 건물의 평면도는 동일한 층을 몇 장으로 분할하여 작도할 필요가 있다. 작도 완성 후, 동일한 층을 한 장의 도면에 함께 붙여 도면 상호간에 틀림이 없는지 쉽게 체크할 수 있도록 한다. 중심선의 위치가 연결되는 곳으로 오게 하면 좋다. 붙이는 부분은 겹칠 수 있게 중복하여 작도한다.

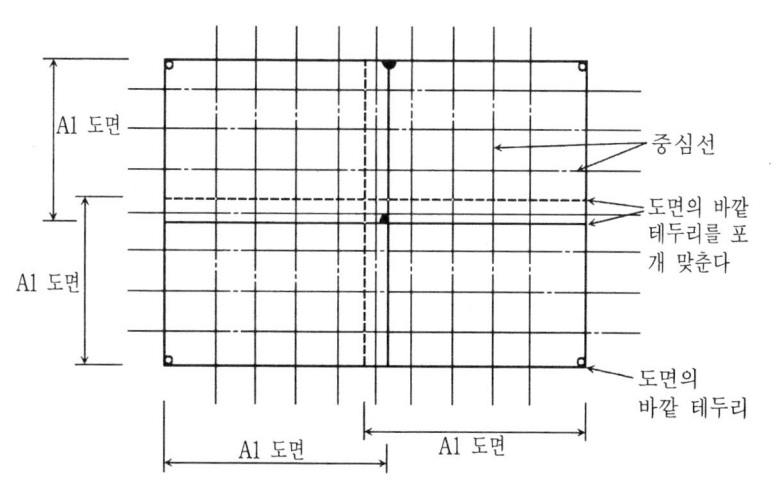

[4] 도시 기호

작도함에 있어서 기기, 배관 종류, 이음, 밸브류, 배관의 오르내림, 천장 배관, 바닥 밑 배관 등을 시공도에 표현하는 기호를 **도시 기호** 또는 **심벌**이라 한다.

기호는 간단하고 알기 쉬워야 하며 그 물체를 나타내는 데 적합해야 하고, 누가 읽어도 쉽게 알 수 있어야 한다.

일반적으로 사용되는 도시 기호를 제10장 10·2, 10·3에 기재하였는데, 설계 사무소, 건축설비업자에 따라 도시 기호가 다를 수 있다.

[5] 도면의 타이틀

양식에는 특별한 기준이 없으며, 상황에 맞게 결정되고 있다. 기재 내용은 공사 명칭, 구분, 도면 명칭, 도면 번호, 연월일, 축척, 정리 번호, 업자명, 담당자 등의 칸이 필요하다.

공 사 명	○○○○ 신축공사		
공사 구분	위생설비공사	도면 번호	
도면 명칭	○○층 화장실 상세 배관도	연 월 일	
		축 척 도	
		정리 번호	
업 자 명	○○○○ 회사	책임자	담당자

이 공백은 각 현장 관리자의 날인 칸으로 사용한다.

〔6〕 건축 키 플랜	같은 층을 몇 장으로 분할하여 작도할 경우 도면이 건물의 어느 부분에 해당하는가를 명시하기 위한 것이며, 원지의 오른쪽 아래 여백 부분에 건축 플랜을 고무 도장으로 찍고 해당 부분을 사선으로 칠하는 방법이 일반적이다. 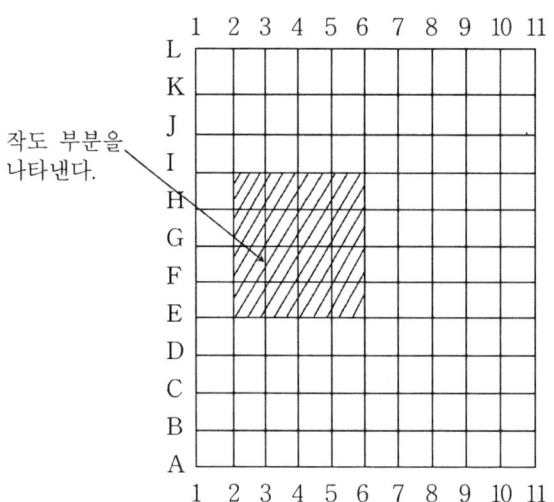

〔7〕 도면 번호	도면을 정리, 분류하기 위해 필요한 것이며, 시공도 리스트 작성시에 도면의 일련 번호를 결정한다.
	
	기입 예 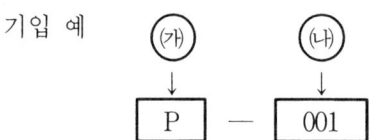
	
	(가)의 부분은 공사 항목을 나타낸다.
	   위생설비도 1 ······ P (공조 A, 전기 E)
	   소 화 설 비 ······ Ps
	(나)의 부분은 도면의 일련 번호를 나타낸다.

3·3 작성시의 유의 사항

[1] 중심선의 표시

각 부분의 치수의 기준선이며, 기둥의 중심선을 표시한다. 중심선의 기호 표시는 고무 도장을 찍는 것이 일반적이다.

가. 축척 1/10~1/50까지 지름 12 mm

나. 축척 1/100~1/200까지 지름 10 mm

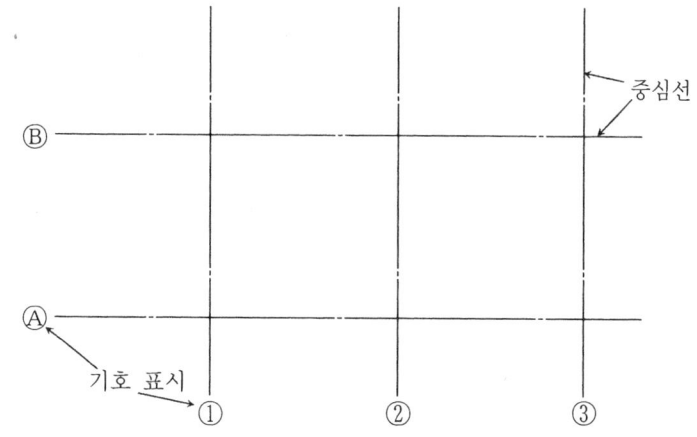

[2] 실명과 천장 높이의 표시

배관류는 천장 안에 설치되어 있기 때문에 평면도, 단면도에는 실명(室名)과 그 실의 천장 높이를 도면에 표시하고, 아울러 바닥 레벨도 기입하면 배관의 천장 내 설치 위치가 명확해진다.

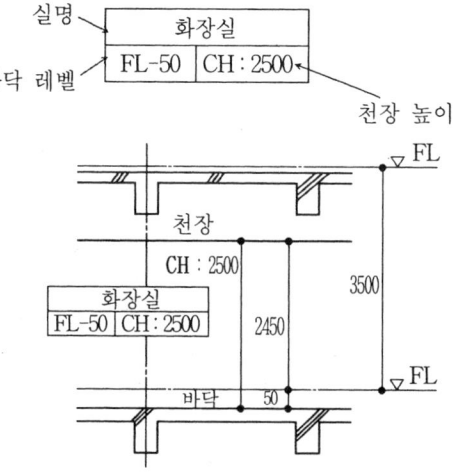

[3] 변경·정정의 표시

도면 승인 후, 변경이나 추가 정정이 있을 때는 정정 개소와 정정 사항을 정정란에 기입하고 재승인의 절차를 밟는다. 또 작업자에 배포한 구 도면은 즉시 회수하여 정정 도면과 바꾸어 놓는다.

변경·추가 정정 개소의 표시 방법을 다음에 나타낸다.

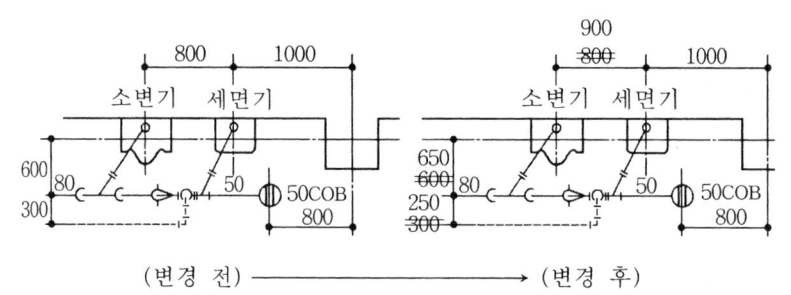

(변경 전) ——————→ (변경 후)

	정정일	정 정 란	담당자명
정정 사항	63. 5. 5	소변기 위치 변경 800 → 900	임 인 철
	63. 5. 12	오수 배수관 위치 변경 600 → 650	권 태 홍

[4] 별도 공사 구분의 표시

배관 도중에 시공업자가 교체되어 별도 공사가 될 경우에는 그 이후의 시공업자와 후일에 트러블의 원인이 되지 않도록 양도 위치 및 치수를 명확히 기입해 둔다.

a) 기기가 별도인 경우

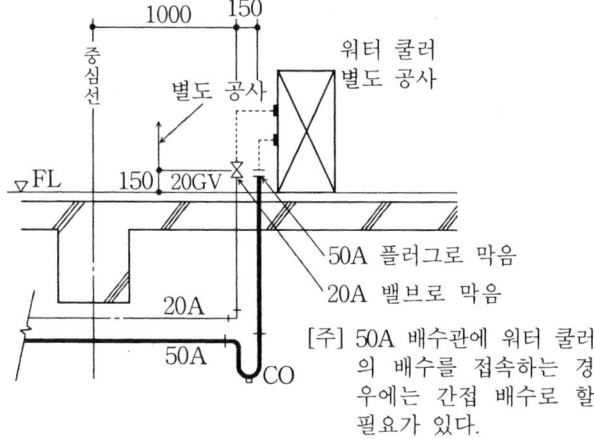

b) 배관이 도중에서 별도인 경우

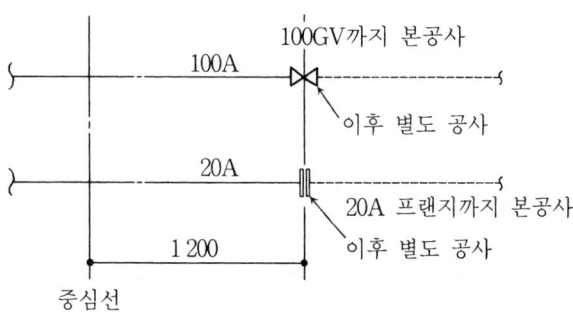

[5] 접속부분에 타 설비와의 표시	설치가 엄격한 부분 등은 타 설비의 내용도 2점 쇄선으로 합쳐서 기입한다. 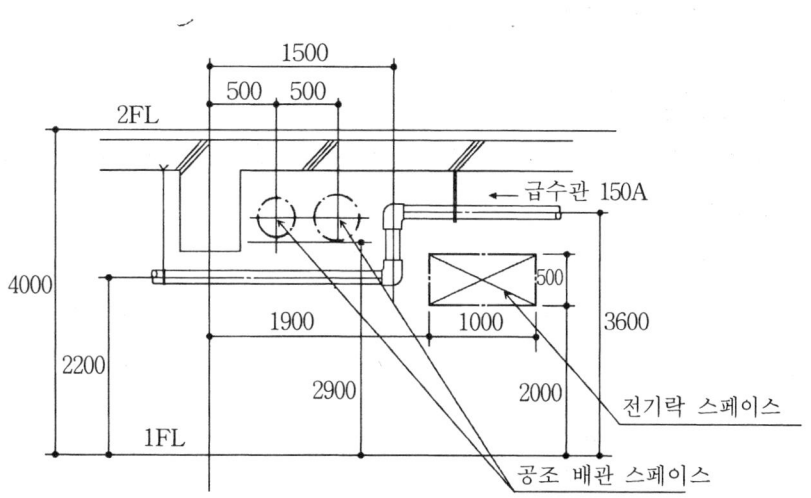	
[6] 개구부에 대한 배려	배관 등의 경로는 개구부(머신 해치 등)를 피해서 검토해야 하지만, 설치 등의 사정으로 불가피하게 개구부를 통할 때는 나중에 배관의 제거(설치)가 가능하도록 개구부의 표시와 플랜지의 위치를 도면에 명기해야 한다. 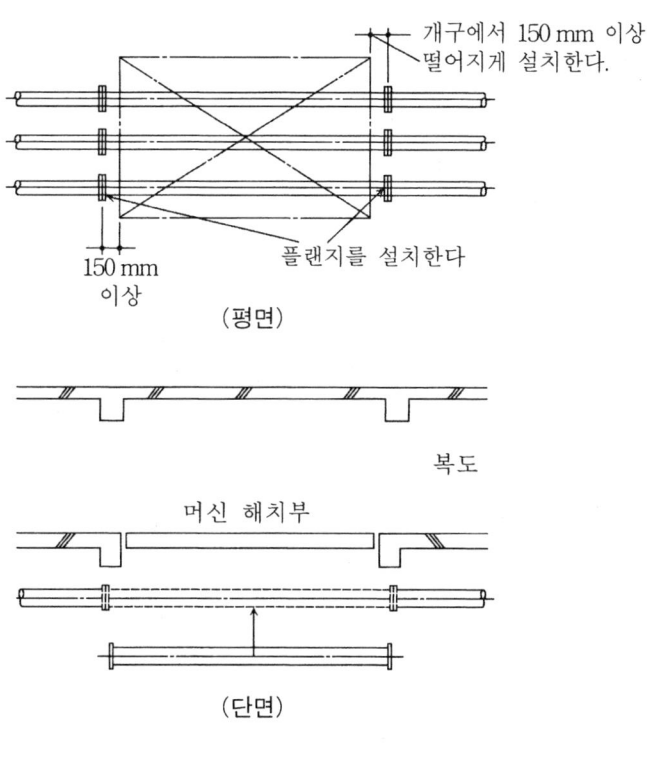	

제4장 설계 체크의 기본 사항

4·1 수수 탱크·고가 탱크의 산정

[1] 용량 산출 방법	수수 탱크·고가 탱크의 용량은 기본적으로 표 4-1을 사용하여 산출한 1일 최대 예상 급수량을 기준으로 하지만, 각 수도 사업자의 지도 기준에 따라 결정하는 경우가 많으며, 사전 협의를 충분히 할 필요가 있다.

[2] 수수 탱크의 용량	수수 탱크의 용량은 다음 식으로 구하는데, 일반적으로 1일 최대 급수량의 40~60% 정도로 계획한다.
	$V_s \geqq Q_d - Q_s T$
	또 $V_s \leqq Q_s(24-T)$
	여기에서, V_s : 수수 탱크의 유효 용량 [m³]
	Q_d : 1일 최대 예상 급수량 [m³/d]
	Q_s : 수원에서의 급수 능력 [m³/h]
	      (통상 시간 평균 급수량)
	T : 사용 시간대의 계속 시간 [h]
	      (통상 8~10시간)

[3] 고가 탱크의 용량	고가 탱크의 용량은 다음 식으로 구하지만, 일반적으로 1일 최대 예상 급수량의 10% 정도로 계획한다.
	$V_E = (Q_p - Q_{pu})T_1 + Q_{pu}T_2$
	여기에서, V_E : 고가 탱크의 유효 용량 [l]
	Q_p : 피크시 예상 급수량 [l/min]
	      (시간 평균 급수량의 3배 정도)
	Q_{pu} : 양수 펌프의 양수량 [l/min]
	T_1 : 피크시 예상 급수량의 연속 시간 [min]
	      (30분 정도)
	T_2 : 양수 펌프의 최단 운전 시간 [min]
	      (15분 정도)

표 4-1 건물 종류별 단위 급수량·사용 시간·인원

건물 종류	단위 급수량[1] (1일당)	사용 시간 [h/d]	주 기(注記)	유효 면적당의 인원 등	비 고[2]
단 독 주 택	200~400 l/인	10	거주자 1인당	0.16인/m^2	
집 합 주 택	200~350 l/인	15	거주자 1인당	0.16인/m^2	
원 룸	400~600 l/인	10	거주자 1인당		
관 공 서·사 무 소	60~100 l/인	9	재근자 1인당	0.2인/m^2	남자 50 l/인, 여자 100 l/인, 사원 식당·임대 등은 별도 가산
공 장	60~100 l/인	조업시간+1	재근자 1인당	앉은 작업 0.3인/m^2 서있는 작업 0.1인/m^2	남자 50 l/인, 여자 100 l/인, 사원 식당·샤워 등은 별도 가산
종합병원	1500~3500 l/병상 30~60 l/m^2	16	1병상당 총면적 1 m^2당		설비 내용 등에 따라 상세하게 검토
호 텔 전 체	500~6000 l/침상	12			설비 내용 등에 따라 상세하게 검토
호 텔 객실부	350~450 l/침상	12			객실부만
휴 양 소	500~800 l/인	10			
다 방	20~25 l/객 55~130 l/점포m^2	10	점포 면적에는 주방 면적을 포함		주방에 사용하는 수량만 화장실 세정수 등은 별도 가산
음 식 점	55~130 l/객 110~530 l/점포m^2	10	상동		상동 내용적으로는 간식·메밀 국수·일식·양식·중국식의 순으로 많다
사 원 식 당	25~50 l/식 80~140 l/식당m^2	10	식당 면적에는 주방 면적을 포함		상동
급 식 센 터	20~30 l/식	10			상동
백 화 점·슈 퍼 마 켓	15~30 l/m^2	10	총면적 1 m^2당		종업원분·공조용 물을 포함
초·중·고등학교	70~100 l/인	9	(학생+직원) 1인당		교사 종업원 분을 포함 수영장용 물(40~100 l/인)은 별도 가산
대 학 강 의 실	2~4 l/m^2	9	총면적 1 m^2당		실험·연구용 물은 별도 가산
극장·영화관	25~40 l/m^2 0.2~0.3 l/인	14	총면적 1 m^2당 입장자 1인당		종업원 분·공조용 물을 포함
터 미 널 역	10 l/1000인	16	승강객 1000명당		열차 급수·세차용 물은 별도 가산
보 통 역	3 l/1000인	16	승강객 1000명당		종업원분·다소의 임대차분을 포함
절 · 교 회	10 l/인	2	신도 1인당		상주자·상근자분은 별도 가산
도 서 관	25 l/인	6	열람자 1인당	0.4인/m^2	상근자분은 별도 가산

[주] 1) 단위 급수량은 설계 대상 급수량이며, 연간 1일 평균 급수량은 아니다.
    2) 비고란에 특기가 없는 한, 공조 용수, 냉동기 냉각수, 실험·연구 용수, 프로세스 용수, 풀·사우나 용수 등은 별도 가산한다.
    다수의 문헌을 참고로 하여 집필자의 판단에 의해 작성.

4·2 저탕 탱크의 산정

〔1〕가열 장치의 열원과 종류

가열 장치의 열원에는 가스, 기름, 전기, 증기, 고온수 등이 사용된다.
가열 장치의 종류
a) 직접 가열 장치(열원……가스, 기름, 전기)
  온수 보일러, 열탕기 등……연료의 연소열을 보일러 벽을 통해 직접 물에 전하기 때문에 효율이 높다.
b) 간접 가열 장치(열원……증기, 고온수)
  직접 가열 장치로 만든 온수나 증기를 1차 회로의 열 매체로 하여, 2차 회로의 물을 가열하여 급탕한다.

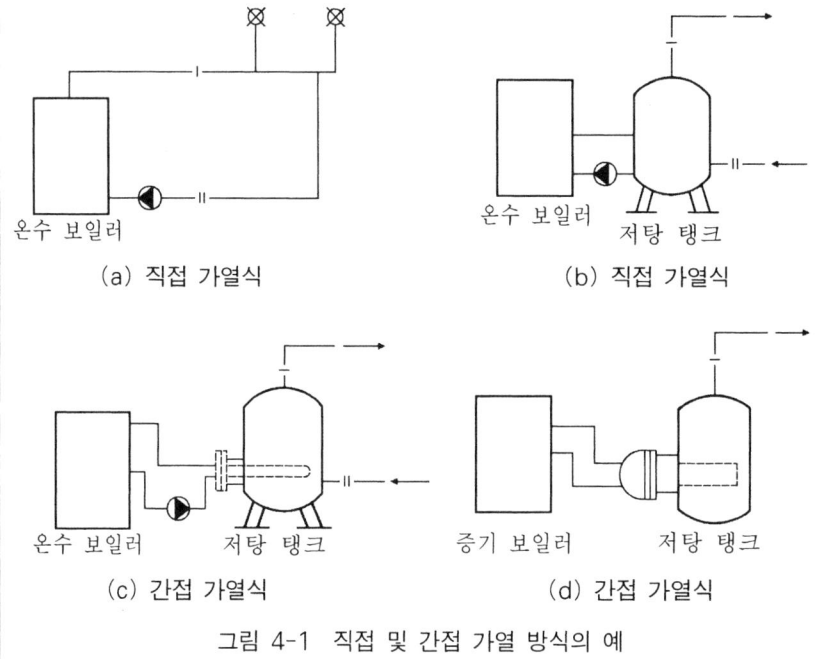

그림 4-1 직접 및 간접 가열 방식의 예

〔2〕용량 산정 방법

급탕량, 저탕 탱크의 용량을 산정할 때는 사용 인원에 의한 방법과 기구 수에 의한 방법 등 두 가지가 있는데, 사무실 빌딩 등의 일반 급탕(세면, 손 씻음)은 사용 인원에 의한 방법이 적합하다.

〔3〕사용 인원에 의한 방법

급탕량, 저탕 용량 및 가열 능력은 표 4-2와 다음 식으로 구한다.

$Q_d = N q_d$

$Q_h = Q_d q_h$

$V = Q_d v$

$H = Q_d r (t_h - t_c)$

여기에서, N : 급탕 대상 인원 [인]

Q_d : 1일 급탕량 [l/d]

Q_h : 1시간 최대 급탕량 [l/h]

V : 저탕 용량 [l]

H : 가열 능력 [kcal/h]

t_h : 뜨거운 물의 온도(60℃)

t_c : 물의 온도(5℃)

q_d : 1인 1일당 급탕량 [l/인·d]

q_h : 1일 사용에 필요한 1시간당의 최대값 비율

v : 1일 사용량에 대한 저탕 비율

r : 1일 사용량에 대한 가열 능력의 비율

표 4-2 건물의 종류별 급탕량*

건물의 종류	1인 1일당 급탕량 [l/인·d] q_d	1일 사용에 필요한 1시간당 최대값의 비율 q_h	피크 로드의 계속 시간 [h]	1일 사용에 대한 저탕 비율 v	1일 사용에 대한 가열 능력의 비율 r
주택·아파트·호텔 등[2][3]	75~150[1]	1/7	4	1/5	1/7
집 합 주 택[4] (일본식 욕조)	40~60[1]	1/5 (1/4[5])	3	1/5	1/5
사 무 소	7.5~11.5[1]	1/5	2	1/5	1/6
공 장	20[1]	1/3	1	2/5	1/8
레 스 토 랑				1/10	1/10
레 스 토 랑 (3식/d)		1/10	8	1/5	1/10
레 스 토 랑 (1식/d)		1/5	2	2/5	1/6

[주] 1) 60℃에서,
2) 호텔에서는 1일 온수의 필요량과 특성은 호텔의 형식에 따라 변한다. 고급 호텔에서는 피크 로드는 낮지만 1일 사용량은 비교적 많다. 상업용 호텔에서는 피크 로드는 높지만, 1일 사용량은 적다.
3) 주택과 아파트에 있어서 그릇 세척기나 세탁기가 있는 경우에는 그릇 세척기 1대에 대해서 60 l, 세탁기 1대에 대해서 150 l를 추가한다.
4) 松本保彦 : 급탕용 열교환기의 트러블에 관한 문제점과 대응책의 검토, 空気調和·衛生工学, 56-11 (1982-11).
5) 1년에 여러 번 특별히 집중할 때.

[4] 기구 수에 의한 방법	시간 최대 급탕량, 저탕 용량 및 가열 능력은 표 4-3, 표 4-4를 사용하여 다음의 식으로 구한다.

$$Q_h = \sum (nq_i) \alpha$$
$$V = Q_h v'$$
$$H = V(t_h - t_c)$$

여기에서, Q_h : 시간 최대 예상 급탕량 [l/h]
V : 저탕 용량 [l]
n : 기구의 개수 [개]
q_i : 기구 1시간당의 사용량 [l/h·개]
α : 기구 동시 사용률
v' : 저탕 용량 계수
H : 가열 능력 [kcal/h]
t_h : 탕의 온도(60℃)
t_c : 물의 온도(5℃)

표 4-3 기구에 대한 급탕량(온도 60℃)

기 구	1회당 급탕량 [l/회]	1시간당 사용 횟수 [회/h]	1시간당 급탕량 [l/h]	비 고
개인세면기	7.5	1	7.5	
일반세면기	5	2~8	10~40	
양식욕탕	100	1~3	100~300	
샤 워	50	1~6	50~300	
주방싱크	15	3~5	45~75	주택·아파트 (식당은 별도 계산)
찬방싱크	10	2~4	20~40	
세탁싱크	15	4~6	60~90	세탁기의 경우는 기계 용량에 의한다
청소싱크	15	3~5	45~75	
공중욕실	1인당 30	3~4	90~120	

[주] 기구 동시 사용률은 병원·호텔 : 25%, 아파트·주택·사무소 : 30%, 공장·학교 : 40%

표 4-4 여러 가지 건물에 대한 기구당의 소요 급탕량
(1시간·기구 1개당 급탕량 [l], 최종 온도 60℃에서 산정된 것)

	아파트	집회소	체육관	병원	호텔	공장	사무소	개인주택	학교	YMCA
세면기(개인용)	7.5	7.5	7.5	7.5	7.5	7.5	7.5	7.5	7.5	7.5
세면기(공중용)	15	22	30	22	30	45	22		57	30
양식 욕조	75	75	100	75	75			75		110
식기세척기[1]	57	190~570		190~750	190~750	75~375		57	75~375	75~375
발 씻는 곳	11.5	11.5	45	11.5	11.5	45		11.5	11.5	45
주방 싱크	38	75		75	110	75	75	38	75	75
세탁실	75	106		106	106			75		106
찬방 싱크	19	38		38	38		38	19	38	38
샤워	110	570	850	280	280	850	110	110	850	850
청소용 싱크	75	75		75	110	75	57	57	75	75
물 치료용 샤워				1500						
하버드 배스				2200						
다리(하체) 욕조				380						
팔 욕조				130						
좌욕조				110						
연속 방류 욕조				620						
원형 싱크				75	75	115	75		115	
반원형 싱크				38	38	57	38		57	
사용률	0.30	0.30	0.40	0.25	0.25	0.40	0.30	0.30	0.40	0.40
저탕 용량 계수[2]	1.25	0.90	1.00	0.60	0.80	1.00	2.00	0.70	1.00	1.00

[주] 1) 그릇 세척기의 소요량은 사용할 예정 형식을 알면, 그 형식에 대한 메이커의 데이터에서 선택해야 한다.
2) 1시간당 최대 예상 급탕량에 대한 저탕 탱크 용량의 비율.
저탕 탱크는 대용량의 보일러 플랜트에서 얼마든지 증기의 공급을 받을 수 있다면 그 용량을 줄여도 좋다.

[5] 저탕식 가열 장치

저탕식 가열 장치의 용량은 가열 능력과 저탕 용량으로 나타낸다. 양자는 한 쪽을 크게 하면 한 쪽을 적게 할 수 있다. 일반적으로 동시 사용률이 높고 다량의 탕을 연속 사용하는 건물에서는 가열 능력을 크게 하고, 저탕 용량을 작게 한다. 반대로 동시 사용률이 낮은 건물에서는 피크 로드가 짧거나 1일 일정 시간만 탕을 사용하는 정도이기 때문에 가열 능력을 약하게 하고 저탕 용량을 크게 한다. 사무실 빌딩은 후자에 해당한다.

가열 능력과 저탕 용량과의 관계식

$$R \geq Q - \frac{MS_t}{d} \quad 단, \quad R = \frac{H}{t_h - t_c}$$

여기에서, Q : 출탕량 [l/h]

R : 회복 능력 [l/h]

H : 가열 능력 [kcal/h]

t_h : 급탕 온도 [℃]

t_c : 급수 온도 [℃]

	M : 유효 저탕 용량비(0.7~0.8) S_t : 전 저탕 용량 [l] d : 급탕 피크시의 연속 시간 [h]
[6] 간접 가열 장치의 가열 코일	가열 코일의 표면적은 다음 식으로 구하고, 표 4-6을 사용하여 코일의 길이를 구한다. 구한 코일의 길이는 스케일의 부착 등에 의한 열 통과량의 저하를 고려하여 25~50% 할증한다. $$S = \frac{R(t_h - t_c)}{K\left(t_s - \frac{t_h + t_c}{2}\right)} \quad 단, \quad R = \frac{H}{t_h - t_c}$$ 여기에서, S : 코일의 표면적 [m²] R : 회복 능력 [l/h] K : 가열 코일의 열 통과량 [kcal/m²·h·℃] H : 가열 능력 [kcal/h] t_s : 열매의 평균 온도 [℃] t_h : 급탕 온도 [℃] t_c : 급수 온도 [℃]

표 4-5 저장 탱크의 가열 코일 전열량

가열 코일의 재질	증기의 경우 [kcal/m²·h·℃]	80℃의 온수의 경우 [kcal/m²·h·℃]
동 관	1170	490
스테인리스	900	480

[주] 코일의 바깥은 물, 코일의 안쪽은 증기 또는 온수.

표 4-6 코일 내측의 표면적

강관(JIS H 3300 이음매 무동관)				
외경 [mm]	두께 [mm]	내경 [mm]	관 길이 1 m당 면적 [m²/m]	면적 1 m²당 관 길이 [m/m²]
25	2.0	21	0.066	15.2
32	2.0	28	0.088	11.4
38	2.9	32.2	0.101	9.2
50	2.9	44.2	0.139	7.2

표 4-7 저압 증기표

절대 압력	온도	비(比) 엔탈피 [kcal/kg]		
P [kgf/cm^2]	t [℃]	포화수 h'	건조포화증기 h''	$r = h'' - h'$
1.0	99.09	99.12	638.5	539.4
1.2	104.25	104.32	640.4	536.1
1.4	108.74	108.86	642.1	533.2
1.6	112.72	112.89	643.5	530.6
1.8	116.33	116.53	644.8	528.3
2.0	119.62	119.86	646.0	526.1
2.2	122.64	122.92	647.0	524.1
2.4	125.46	125.84	648.0	522.2
2.6	128.03	128.45	648.9	520.4
2.8	130.55	130.98	649.7	518.7
3.0	132.88	133.36	650.5	517.1
3.2	135.08	135.61	651.2	515.6
3.4	137.18	137.76	651.9	514.1
3.6	139.18	139.80	652.5	512.7
3.8	141.09	141.75	653.1	511.3

〔7〕 음료용 급탕량

열탕실이나 식당에 설치하는 저탕식 열탕기의 용량은 다음 식으로 구한다.

$$Q = qN\frac{1}{K}$$

여기에서, Q : 필요 용량 [l]

N : 사용 인원 [인]

q : 1인 1회당 사용량(0.25 l/인)

K : 유효 출탕량(70%)

〔8〕 열탕기의 가열 장치

저탕식 열탕기의 가열 장치는, [5] 저탕식 가열 장치의 항에 준하여 산정한다. 전기를 열원으로 하는 기성 제품을 사용할 경우는 1 kW·h = 860 kcal 이며, 일반적으로 회복 능력이 약하므로 주의해야 한다.

4·3 급탕 설비의 안전 장치

[1] 팽창 수량

팽창 수량은 다음 식으로 구한다.

$$\Delta V = \left(\frac{1}{\rho_2} - \frac{1}{\rho_1}\right)v$$

여기에서, ΔV : 팽창량 [l]
ρ_1 : 가열하기 전의 물의 밀도 [g/cm³]
ρ_2 : 가열한 후의 물의 밀도 [g/cm³]
v : 계통 내의 전체 수량 [l]

개방형 팽창 탱크의 용량은 팽창 수량의 1.5~2.0배로 한다.
밀폐형 팽창 탱크의 용량은 다음 식으로 구한다.

$$V = \frac{\Delta V}{\dfrac{P_1}{P_1 + 0.1H} - \dfrac{P_1}{P_2}}$$

여기에서, V : 밀폐형 팽창 탱크의 용량 [l]
P_1 : 대기압(통상 1.0 kgf/cm²)
P_2 : 장치의 최대 허용 압력(절대 압력) [kgf/cm²]
H : 팽창 탱크에서 장치의 최고 수준까지의 높이 [m]

[2] 릴리프 파이프

릴리프 파이프는 가열 장치로부터 단독으로 세운다. 음료용 탱크로의 개방은 피하고, 잡용수 탱크 또는 팽창 탱크로 개방한다.

릴리프 파이프의 고가 탱크 수면으로부터의 수직 높이는 다음 식으로 구한다.

$$H \geq h\left(\frac{\rho}{\rho'} - 1\right)$$

여기에서, H : 릴리프 파이프의 수직 높이 [m]
h : 탱크 수면으로부터의 정수두 [m]
ρ : 물의 밀도 [g/cm³]
ρ' : 탕의 밀도 [g/cm³]

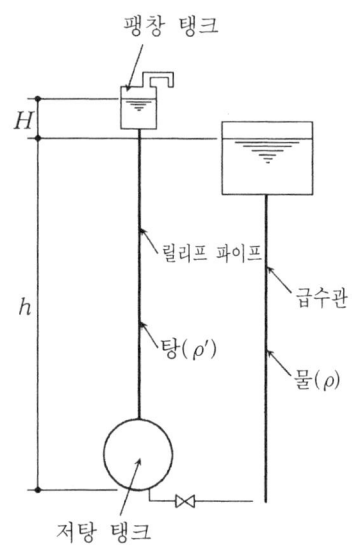

그림 4-2 팽창관의 수직 높이

표 4-8 물의 밀도

1기압 하에서 물의 밀도는 3.98℃에서 최대가 된다. (단위 g/cm³)

온도 [℃]	0	1	2	3	4	5	6	7	8	9
0	0.99984	0.99990	0.99994	0.99996	0.99997	0.99996	0.99994	0.99990	0.99985	0.99978
10	0.99970	0.99961	0.99949	0.99938	0.99924	0.99910	0.99894	0.99877	0.99860	0.99841
20	0.99820	0.99799	0.99777	0.99754	0.99730	0.99704	0.99678	0.99651	0.99623	0.99594
30	0.99565	0.99534	0.99503	0.99470	0.99437	0.99403	0.99368	0.99333	0.99297	0.99259
40	0.99222	0.99183	0.99144	0.99104	0.99063	0.99021	0.98979	0.98936	0.98893	0.98849
50	0.98804	0.98758	0.98712	0.98665	0.98618	0.98570	0.98521	0.98471	0.98422	0.98371
60	0.98320	0.98268	0.98216	0.98163	0.98110	0.98055	0.98001	0.97946	0.97890	0.97834
70	0.97777	0.97720	0.97662	0.97603	0.97544	0.97485	0.97425	0.97364	0.97303	0.97242
80	0.97180	0.97117	0.96054	0.96991	0.96927	0.96862	0.96797	0.96731	0.96665	0.96600
90	0.96532	0.96465	0.99397	0.99328	0.96259	0.96190	0.96120	0.96050	0.95979	0.95906

표 4-9 릴리프 파이프의 관 지름

전열 면적 A [m²]	릴리프 파이프의 관 지름 [mm]
$A < 10\,m^2$	25
$10\,m^2 \leq A < 15\,m^2$	30
$15\,m^2 \leq A < 20\,m^2$	40
$20\,m^2 \leq A$	50

[3] 릴리프 밸브·안전 밸브

팽창관(릴리프 파이프)을 설치할 수 없는 경우에 설치한다.

기동 설정 압력은 가열 장치 내부의 압력이 최고 사용 압력 이상에서 6%(그 값이 0.2 kgf/cm²)를 초과하지 않도록 해야 한다.

또 별도로 안전 장치를 설치할 수 없을 경우에는 같은 크기의 것을 2개 이상 설치하며, 그 설정 압력 차는 1개의 안전 밸브를 최고 사용 압력 이하에서 작동하도록 조정했을 경우에 다른 안전 밸브를 최고 사용 압력의 3% 증가 이하에서 작동되도록 조정한다. 또한 안전 밸브는 120℃ 이상의 가열 장치에, 릴리프 밸브는 120℃ 미만의 가열 장치에 사용된다.

4·4 배수조의 산정

[1] 용량

배수조의 용량은 일반적으로 시간 최대 배수량의 15~60분으로 한다. 오수 탱크는 체류에 의한 부패를 고려하여 되도록 작게 한다. 또 하수도 사업자의 지도 기준이 있는 경우에는 사전 협의를 하여 결정한다.

[2] 구조

배수조의 구조는 아래와 같이 일본 건설성 고시 1597호(개정 1674호)에 의해 규정되어 있다.

가. 통풍을 위한 장치 이외의 부분에서 악취가 새지 않는 구조로 할 것.
나. 내부의 보수 점검을 용이하게, 또 안전하게 할 수 있는 위치에 맨홀(지름 60 cm 이상의 원이 내접할 수 있는 것에 한함)을 설치할 것.
다. 배수 탱크의 바닥에는 흡입 피트를 설치할 것.
라. 배수 탱크 바닥의 경사는 흡입 피트를 향해 1/15 이상, 1/10 이하로 하는 등, 내부의 보수 점검을 쉽고 안전하게 할 수 있는 구조로 할 것.
마. 통풍을 위한 장치를 설치하고, 해당 장치는 위생상 유효하게 직접 외기에 개방할 것.

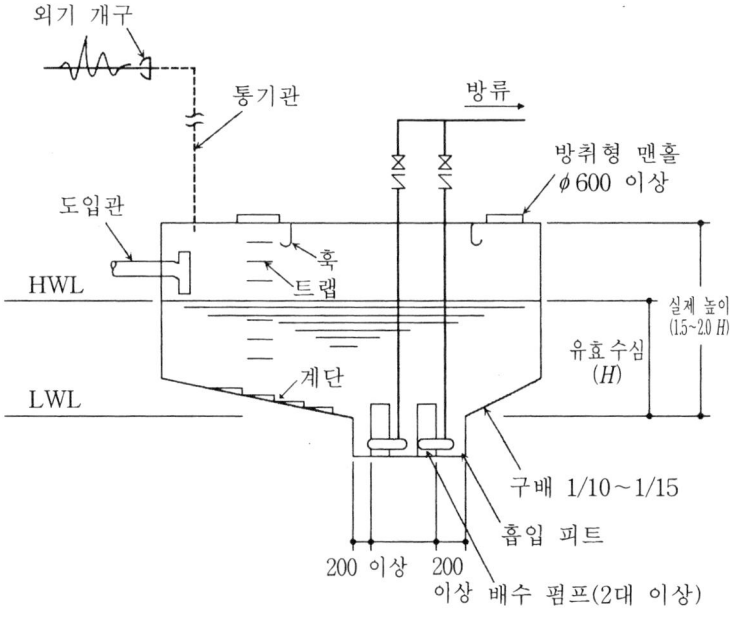

그림 4-3 배수조의 구조 예

4·5 양수 펌프의 산정

〔1〕 펌프 양수량의 산정

양수 펌프의 양수량은 다음 식으로 산출한다.

$$Q_{pu} = \frac{Q_p \times T_p - V_E}{T_p - T_{pr}}$$

여기에서, Q_{pu} : 양수 펌프의 양수량 [l/min]

Q_p : 피크시 예상 급수량 [l/min]

T_p : 피크시 예상 급수량의 연속 시간 [min]

(통상 30분 정도로 한다)

T_{pr} : 양수 펌프의 최단 운전 시간 [min]

(통상 15분 정도로 한다)

V_E : 고가 탱크의 유효 용량 [l]

일반적으로 양수 펌프의 용량은 고가 탱크를 20분 내외 정도에서 채운 용량으로 한다.

〔2〕 펌프 전양정의 산정

양수 펌프의 전양정은 다음 식으로 산출한다.

$$H = H_1 + H_2 + H_3$$

여기에서, H : 양수 펌프의 전양정 [m]

H_1 : 토출 수두 [m]

(1.0 m로 한다)

H_2 : 실양정 [m]

H_3 : 배관 손실 수두 [m]

(배관 상당 길이 [m]×마찰 손실 [mmAq/m])

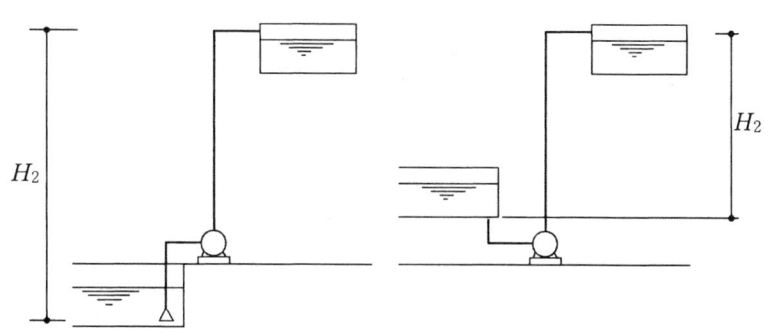

그림 4-4 양수 펌프의 실양정

〔3〕 펌프의 축동력

4-9 참조.

4·6 배수 펌프의 산정

[1] 펌프 양수량의 산정

각 배수 펌프의 양수량 Q [l/min]는 배수조의 크기와 상관 관계가 있지만, a)~c)에 의한다.

a) 오물 펌프, 잡배수 펌프

(1) 배수량이 일정량에 가까울 경우

Q = 최대 배수시 유량 × 1.2~1.5

로 하고 배수조의 용량은 펌프의 10~20분간의 분량으로 한다.

(2) 배수량의 변동이 심할 경우

Q = 평균 배수시 유량 × 1.2~1.5

로 하고 배수조의 용량을 크게 한다.

일반적으로 배수 펌프는 막힘을 고려하여, 오물 펌프는 구경 80ϕ, 잡배수 펌프는 구경 50ϕ, 또 기계 배수 등 비교적 더러움이 적은 배수는 구경 40ϕ 정도를 기준으로 한다.

b) 용수(湧水) 펌프

Q = (지하 부분 벽·바닥으로부터의 용수량) × 1.5~2.0

용수량은 실측에 의한 수치를 채택하는 것이 바람직하다(참고값 : 1.8 $l/m^2 \cdot h$).

c) 우수(雨水) 펌프(드라이 에어리어 등)

Q = 드라이 에어리어 빗물 유입량
  = (드라이 에어리어 빗물 배수 상당 면적) × (최대 강우량)

다만, 강우량이 적을 때 펌프의 기동·정지가 빈번하게 되지 않도록 용량·대수를 고려한다.

[2] 펌프 전양정의 산정

배수 펌프의 전양정은 다음 식으로 산출한다.

$H = H_1 + H_2 + H_3$

여기에서, H : 양수 펌프의 전양정 [m]

H_1 : 토출 수두 [m]

(1.0 m로 한다)

H_2 : 실양정 [m]

H_3 : 배관 손실 수두 [m]

(배관 상당 길이 [m] × 마찰 손실 [mmAq/m])

4·7 급탕 순환 펌프의 산정

[1] 펌프 순환 수량의 산정

급탕 순환 펌프의 순환 수량은 다음 식으로 산정한다.

$$Q = \frac{Q_1}{\Delta t \times 60}$$

여기에서, Q : 순환 수량 [l/min]

Q_1 : 배관, 밸브류에서의 열손실 [kcal/m·h]

(배관 길이 [m] × 열손실 [kcal/h])

<표 4-10 참조>

Δt : 급탕과 환(還)탕의 온도차 [℃]

(5℃로 한다)

표 4-10 배관에서의 열손실   (단위 : kcal/m·h)

온도 조건	호칭 관지름 (mm)	15	20	25	32	40	50	65	80	100	125	150
보온을 한 강관	$\theta_0=60℃$	9.1	10.4	12.0	14.1	18.0	18.1	18.9	21.3	26.0	30.7	31.0
보온을 한 동관		7.6	9.2	10.8	9.9	11.0	13.2	17.0	19.4	24.2	28.9	29.5
나(裸)강관	$\theta_r=25℃$	33.1	40.7	49.0	60.6	69.0	87.1	102.0	121.5	152.8	-	218.5
나(裸)동관		19.1	25.0	31.5	37.3	44.0	54.9	67.5	78.1	99.9	-	141.2

[주] θ_0 : 내부 온도, θ_r : 실내 온도

보온재의 두께를 관 지름 15~50 mm는 20 mm, 65~125 mm는 25 mm, 150 mm는 30 mm로 한다.

[2] 펌프 전양 정의 산정

급탕 순환 펌프의 개략적 양정은 다음 식으로 산출한다.

$$H = H_1 \times \left(\frac{l_1}{2} + l_2\right)$$

여기에서, H : 펌프 전양정 [m]

H_1 : 배관 손실 수두 [mmAq/m]

(10 mmAq/m로 한다)

l_1 : 급탕 주관의 길이 [m]

l_2 : 환(還)탕 주관의 길이 [m]

4·8 옥내 소화전 펌프의 산정

[1] 펌프 양수량의 산정

옥내 소화전 펌프의 양수량은 다음 식으로 산출한다(1호 소화전의 경우).

$$Q = 150\,[l/\min] \times N$$

여기에서, Q : 펌프의 양수량 [l/min]

N : 각 층에 설치하는 소화전의 개수 중 최대의 설치 개수 ($N \leqq 2$)

[2] 펌프 전양정의 산정

옥내 소화전 펌프의 전양정은 다음 식으로 산출한다.

$$H = H_1 + H_2 + H_3 + H_4$$

여기에서, H : 펌프의 전양정 [m]

H_1 : 실양정 [m]

H_2 : 배관 손실 수두 [m]

(배관 상당 길이 [m]·마찰 손실 [mmAq/m])

<표 4-11, 표 4-12 참조>

H_3 : 방수 압력 [m]

(17 m로 한다)

H_4 : 호스 손실 수두 [m]

(7.8 m로 한다)

[3] 수원의 유효 용량

소화 수원(水源)의 유효 용량은 다음에 의하는 것 이외에도 그림 4-5, 그림 4-6에 의한다.

$$V \geqq 2.6\,N$$

여기에서, V : 저장해야 할 수원 수량 [m³]

N : 각 층에 설치하는 소화전의 개수 중 최대로 되는 설치 개수 ($N \leqq 2$)

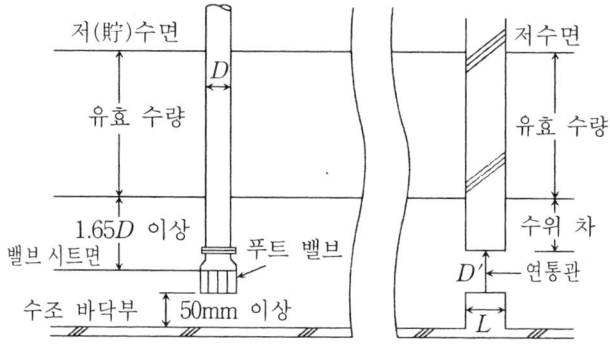

그림 4-5 석션 피트를 설치하지 않을 경우 또는 연통관(連通管)을 설치할 경우의 유효 수량

[주] 2호 소화전에 대해서는 일반적으로 사무실 빌딩에 설치되지 않기 때문에 생략했다.

4·8 옥내 소화전 펌프의 산정

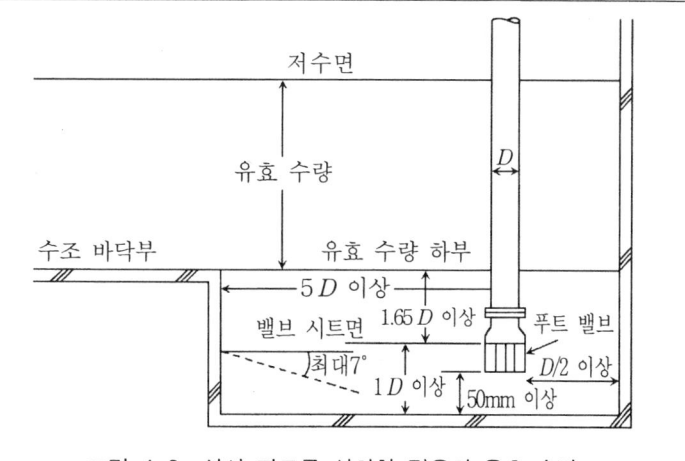

그림 4-6 석션 피트를 설치할 경우의 유효 수량

표 4-11 JIS G 3452(배관용 탄소강 강관)을 사용하는 경우의 관 이음·밸브류의 직관 환산 상당 길이(일본 소방청 고시 3호, 1976-4)

종류별	크기의 호칭	A	25	32	40	50	65	80	90	100	125	150	200	250	300	350
		B	1	1¼	1½	2	2½	3	3½	4	5	6	8	10	12	14
나사끼우기식	45° 엘보		0.4	0.5	0.6	0.7	1.0	1.1	1.3	1.5	1.8	2.2	2.9	3.6	4.3	4.8
	90° 엘보		0.8	1.1	1.3	1.6	2.0	2.4	2.8	3.2	3.9	4.7	6.2	7.6	9.2	10.2
	리턴벤드(180°)		2.0	2.6	3.0	3.9	5.0	5.9	6.8	7.7	9.6	11.3	15.0	18.6	22.3	24.8
	T 또는 크로스 (분류 90°)		1.7	2.2	2.5	3.2	4.1	4.9	5.6	6.3	7.9	9.3	12.3	15.3	18.3	20.4
용접식	45° 엘보 롱		0.2	0.2	0.3	0.3	0.4	0.5	0.6	0.7	0.8	0.9	1.2	1.5	1.8	2.0
	90° 엘보 쇼트		0.5	0.6	0.7	0.9	1.1	1.3	1.5	1.7	2.1	2.5	3.3	4.1	4.9	5.4
	90° 엘보 롱		0.3	0.4	0.5	0.6	0.8	1.0	1.1	1.3	1.6	1.9	2.5	3.1	3.7	4.1
	T 또는 크로스 (분류 90°)		1.3	1.6	1.9	2.4	3.1	3.6	4.2	4.7	5.9	7.0	9.2	11.4	13.7	15.3
밸브	게이트밸브		0.2	0.2	0.3	0.3	0.4	0.5	0.6	0.7	0.8	1.0	1.3	1.6	2.0	2.2
	글러브밸브		9.2	11.9	13.9	17.6	22.6	26.9	31.0	35.1	43.6	51.7	68.2	84.7	101.5	113.2
	앵글밸브		4.6	6.0	7.0	8.9	11.3	13.5	15.6	17.6	21.9	26.0	34.2	42.5	50.9	56.8
	스윙체크밸브		2.3	3.0	3.5	4.4	5.6	6.7	7.7	8.7	10.9	10.9	17.0	21.1	25.3	28.2

표 4-12 옥내 소화전 설비용 관 마찰 손실 수두 길이 (관 길이 1m에 대하여 m)

개수	유량 [l/min]	관의 호칭 지름						
		40A	50A	65A	80A	100A	125A	150A
1	130	0.095	0.030	0.0087	0.0038	0.0011	0.00036	0.00016
2	260	0.341	0.106	0.032	0.014	0.0037	0.0013	0.00056

JIS G 3452 ($c=120$)

4·9 펌프의 선정

[1] 펌프 선정 상의 주의

범용품의 펌프를 사용할 경우에는 잘못 선정하면 캐비테이션(cavitation)이 발생하거나 성능이 부족할 수 있기 때문에 주의해야 한다.

발주 전에는 반드시 메이커로부터 성능 곡선을 받아 펌프의 성능을 파악하고 효율이 좋은 토출량과 양정으로 운전할 수 있는지 확인해야 한다.

아래에 선정 요령을 나타낸다.

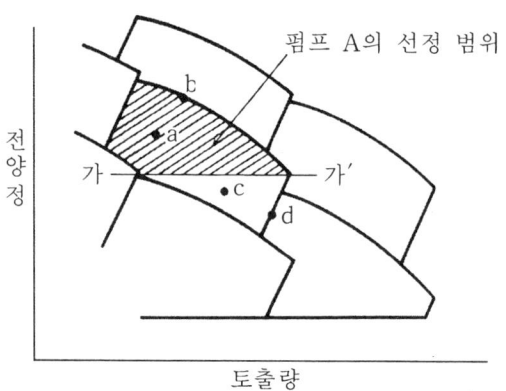

그림 4-7 펌프 선정도

[2] 선정 범위

가. 펌프 A를 선정할 수 있는 것은, 요구점이 선정도 사선의 테두리 안 및 곡선 상에 있고 가-가′ 선보다 위에 있는 경우(예를 들면 a점, b점)이다.

나. 가-가′ 선보다 아래(예를 들면 c점)에 요구점이 있을 경우는 캐비테이션이 발생할 염려가 있으며, 날개 차를 수정할 필요가 있다.

다. 요구점이 1단 위의 구경인 것과 경계선 상(예를 들면 d점)에 있을 때는 메이커 또는 대리점과 잘 협의한다.

[3] 성능 곡선

그림 4-8은 원심 펌프의 성능 곡선이다.

표 4-13 펌프의 성능 곡선을 읽는 방법과 표 4-14 펌프에 관한 어구를 대조하면서 이해하기를 바란다.

4·9 펌프의 선정

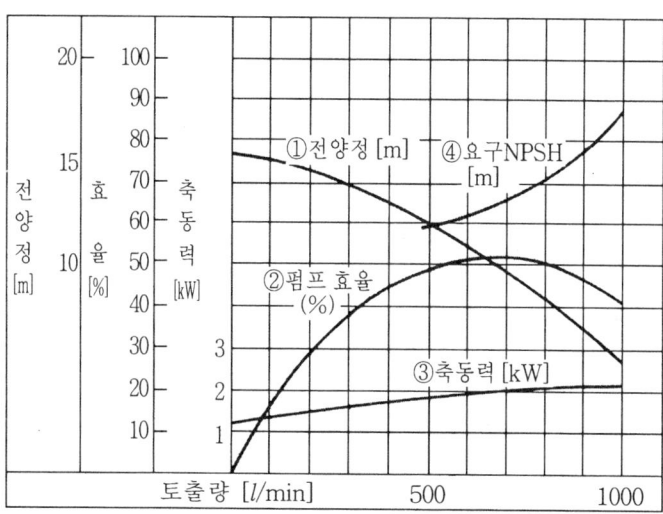

그림 4-8 펌프의 성능 곡선

표 4-13 펌프의 성능 곡선 읽는 법

곡 선	항 목	적 요
①	전양정 [m]	토출량에 대한 전양정의 곡선
②	펌프 효율 [%]	토출량에 대한 펌프 효율의 곡선
③	축동력 [kW]	토출량에 대한 축동력의 곡선
④	요구 NPSH [m]	펌프의 유효 흡입 성능을 나타낸다

표 4-14 펌프에 관한 어구

항 목	의 미	계 산 식
펌프효율 η	모터에서 받은 동력에 대한 이론 동력의 비율	$\eta = \dfrac{W}{S} \times 100$ [%]
이론동력 W	펌프가 실제로 하는 일의 양	$W = 0.163\,\delta \cdot Q \cdot H$ [kW] δ : 밀도 Q : 토출량 [m³/min] H : 양정 [m]
축동력 S	모터가 실제로 하는 일의 양	$S = \dfrac{0.163\,\delta \cdot Q \cdot H}{\eta}$ [kW]
요구 NPSH	안전 운전에 필요한 흡입 헤드	흡입 전양정 [m] = 10.33 − (1.3×요구 NPSH) − (양액의 증기압)

| 〔4〕 수온과 흡입 양정 | 흡입 양정이 클 경우나 양액(揚液)의 수온이 높을 경우에는 캐비테이션이 발생하기 쉬우므로 주의해야 한다. 표 4-15에 물의 포화증기 압력을 나타낸다. |

표 4-15 물의 포화 증기 압력

수온 [℃]	5	10	20	30	40	50	60	70	80
포화증기압 [m]	0.09	0.13	0.24	0.43	0.75	1.26	2.03	3.18	4.83

예를 들면, 펌프의 요구 NPSH가 4m, 수온이 50℃일 때, 흡입 전양정은 표 4-14의 식에 의해 10.33−1.3×4−1.26=3.87m로 된다.

| 〔5〕 단독 운전과 병렬 운전 | 펌프 운전 방법으로는 그림 4-9에 나타낸 것처럼 단독 운전과 병렬 운전을 생각할 수 있다. |

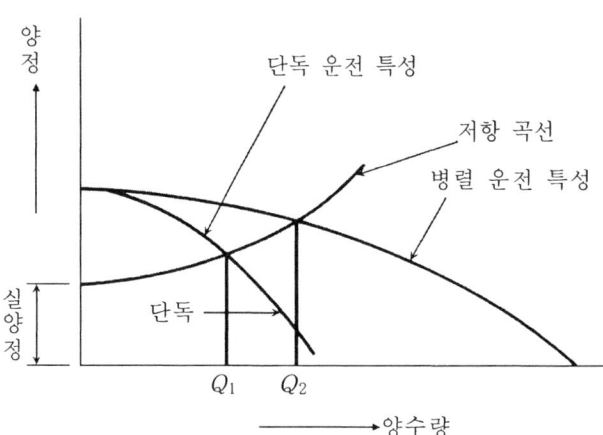

그림 4-9 동일 특성 펌프의 단독 운전·병렬 운전

병렬 운전의 경우 운전점은 관로의 저항 곡선과 펌프의 병렬 운전 특성의 교점이 되기 때문에 양수량이 2배가 되지 않는다.

따라서 병렬 운전에 의해 양수량을 확보하고 싶을 때는 펌프의 선정에 유의하고 토출 관 지름을 굵게(저항 곡선을 완만하게)하는 배려가 필요하다.

4·10 관 지름의 결정

[1] 급수관의 관 지름

급수관의 관 지름은 유량 선도 또는 관 균등표를 이용하여 산출한다. 급수 주관(양수관도 포함)의 관 지름 산출에는 유량 선도를, 화장실 등 국부적인 경우의 관 지름 산출에는 관 균등표를 이용하면 편리하다.

유량 선도를 이용하여 관 지름을 결정하려면 결정하고자 하는 구간의 부하 유량을 산출하고 유속의 제한 또는 허용 마찰 손실(허용 동수 구배)에 의해 관 지름을 결정한다. 참고값을 아래에 나타낸다.

표 4-16 유량·유속·허용 마찰 손실의 참고값

1. 부하 유량	산정 예 참조
2. 유속	1.5 m/s 정도
3. 허용 마찰 손실	개략 40 mmAq/m 정도

[산정 예] 관 재료를 경질 염화비닐 라이닝 강관이라 하고, 부하 유량을 800 l/min, 유속을 1.5 m/s 전후로 하면(그림 4-10을 참조), 관 지름은 100A, 유속은 약 1.6 m/s, 허용 마찰 손실은 약 29 mmAq/m로 된다.

표 4-17 경질 염화비닐 라이닝 강관 균등표

	15	20	25	32	40	50	65	80	100	125	150	200	250	300	350
15	1														
20	2.5	1													
25	5.2	2.1	1												
32	11.1	4.4	2.1	1											
40	17.2	6.8	3.3	1.5	1										
50	33.7	13.4	6.4	3.0	2.0	1									
65	67.3	26.8	12.8	6.1	3.9	2.0	1								
80	104	41.5	19.9	9.4	6.1	3.1	1.6	1							
100	217	86.3	41.4	19.6	12.7	6.4	3.2	2.1	1						
125	392	156	74.7	35.3	22.8	11.6	5.8	3.8	1.8	1					
150	611	243	117	55.1	35.6	18.1	9.1	5.9	2.8	1.6	1				
200	1293	514	247	117	75.4	38.4	19.2	12.4	6.0	3.3	2.1	1			
250	2290	911	437	207	134	68.0	34.1	21.9	10.6	5.9	3.7	1.8	1		
300	3727	1483	711	336	217	111	55.4	35.7	17.2	9.5	6.1	2.9	1.6	1	
350	4954	1970	945	447	289	147	73.6	47.5	22.8	12.7	8.1	3.8	2.2	1.3	1

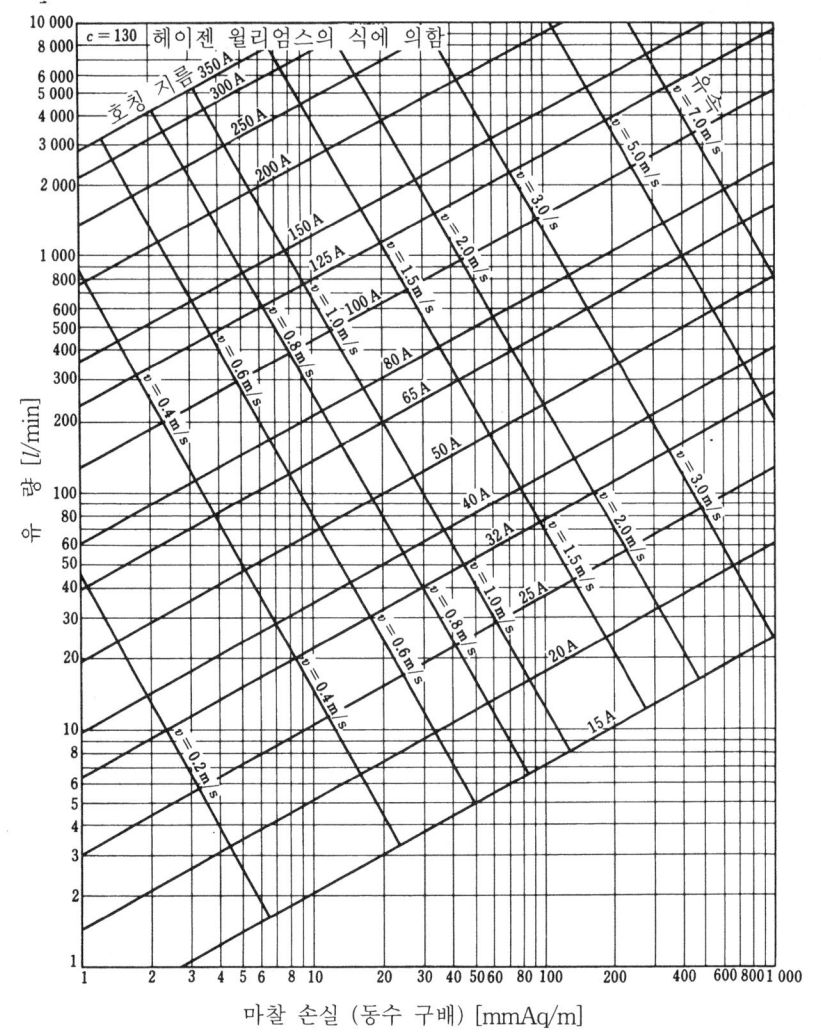

그림 4-10 경질 염화비닐 라이닝 강관 유량 선도

부하 유량의 산정

부하 유량의 산정 방법에는 아래의 네 가지가 있는데, 여기에서는 **기구 급수 부하 단위에 의한 방법**을 살펴본다.

가. 기구 급수 부하 단위에 의한 방법
나. 물 사용 시간율과 기구 급수 단위에 의한 방법
다. 기구 이용으로 예측하는 방법
라. 실측값에 의한 방법

4·10 관 지름의 결정

〔산정 예〕 대변기(FV) 70개, 소변기(FV) 40개, 세면기 50개의 경우에는 기구 급수 부하 단위의 합계는 1000(표 4-18에서 $10 \times 70 + 5 \times 40 + 2 \times 50 = 1000$)이 되며, 그림 4-11로부터 부하 유량은 800 l/min으로 됨을 알 수 있다.

표 4-18 기구 급수 부하 단위

기 구 명	수 전	기구 급수 부하 단위	
		공중용	개인용
대 변 기	세 정 밸 브	10	6
〃	세 정 탱 크	5	3
소 변 기	세 정 밸 브	5	
〃	세 정 탱 크	3	
세 면 기	급 수 전	2	1
수 세 기	〃	1	0.5
의 료 용 세 면 기	〃	3	
사 무 실 용 싱 크	〃	3	
부 엌 싱 크	〃		3
요 리 장 싱 크	〃	4	2
〃	혼 합 밸 브	3	
식 기 세 척 싱 크	급 수 전	5	
연 합 싱 크	〃		3
세 면 싱 크 (수전 1개에 대하여)	〃	2	
청 소 용 싱 크	〃	4	3
욕 조	〃	4	2
샤 워	혼 합 밸 브	4	2
욕 실 일 습	대변기가 세정 밸브에 의할 경우		8
〃	대변기가 세정 탱크에 의할 경우		6
음 수 기	음 수 수 전	2	1
열 탕 기	볼 탭	2	
산 수 · 차 고	급 수 전	5	

[주] 급탕전 병용의 경우에는 1개의 수전에 대한 기구 급수 부하 단위는 상기 수치의 3/4로 한다.

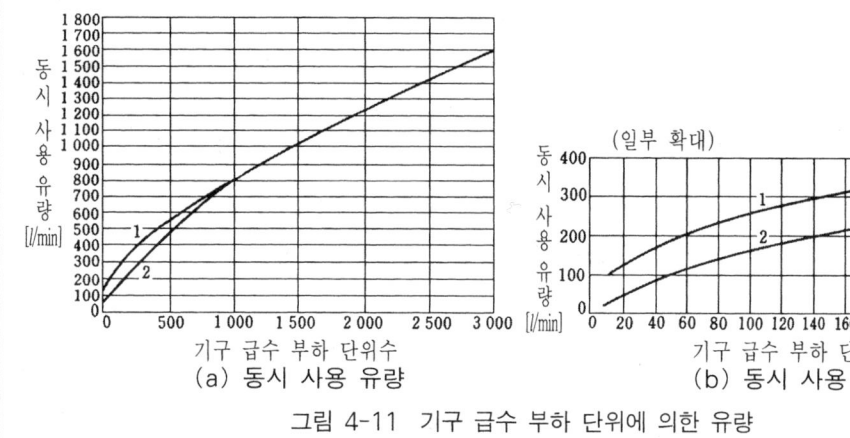

(a) 동시 사용 유량   (b) 동시 사용 유량

그림 4-11 기구 급수 부하 단위에 의한 유량

〔2〕 급탕관의 관 지름

급탕관의 관 지름은 급탕 단위로부터 동시 사용 탕량을 산출하고, 유속의 제한 또는 허용 마찰 손실에 의해 유속 선도에서 결정하는 방법도 있다. 참고값을 표 4-19에 나타낸다.

표 4-19 유량·유속·허용 마찰 손실의 참고값

1. 동시 사용 탕량	급수관 산정 예 참조
2. 유속(동관의 경우)	1.2 m/s 이내
3. 허용 마찰 손실	개략 40 mmAq/m 정도

표 4-20 급탕 단위(급탕 온도 60℃)

건물 종류 기구 종류	아파트	집회소	체육관	병원	호텔 원룸	공장	사무소	학교	YMCA
세 면 기 (개인용)	¾	¾	¾	¾	¾	¾	¾	¾	¾
세 면 기 (공 용)	-	1	1	1	1	1	1	1	1
양 식 욕 조	1½	1½	-	1½	1½	-	-	-	-
식 기 세 척 기	1½	객석수 250에 대해서 5단위							
치 료 용 욕 조	-	-	-	5	-	-	-	-	-
부 엌 싱 크	¾	1½	-	3	1½	3	-	¾	3
찬 방 싱 크	-	2½	-	2½	2½	-	-	2½	2½
청 소 싱 크	1½	2½	-	2½	2½	2½	2½	2½	2½
샤 워[1]	1½	1½	1½	1½	1½	3	-	1½	1½
원형 세척장 분수	-	2½	2½	2½	-	4	-	2½	2½
반원형 세척장 분수	-	1½	1½	1½	-	3	-	1½	1½

[주] 1) 체육관이나 공장 설비와 같이 샤워를 주체로 하는 경우에는 동시 사용을 100%로 한다.

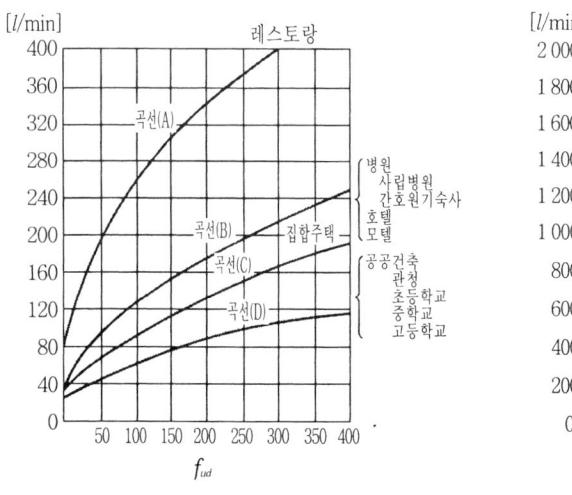
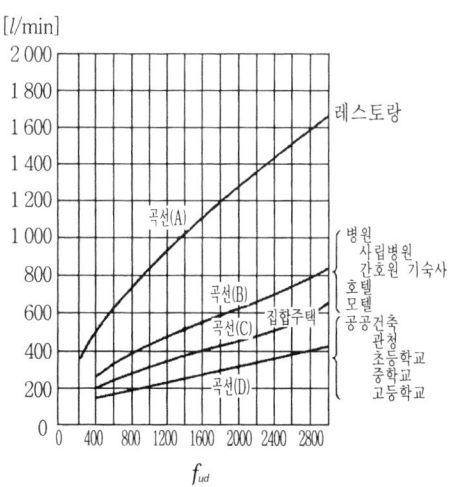

그림 4-12 급탕 단위와 동시 사용 유량

4·10 관 지름의 결정

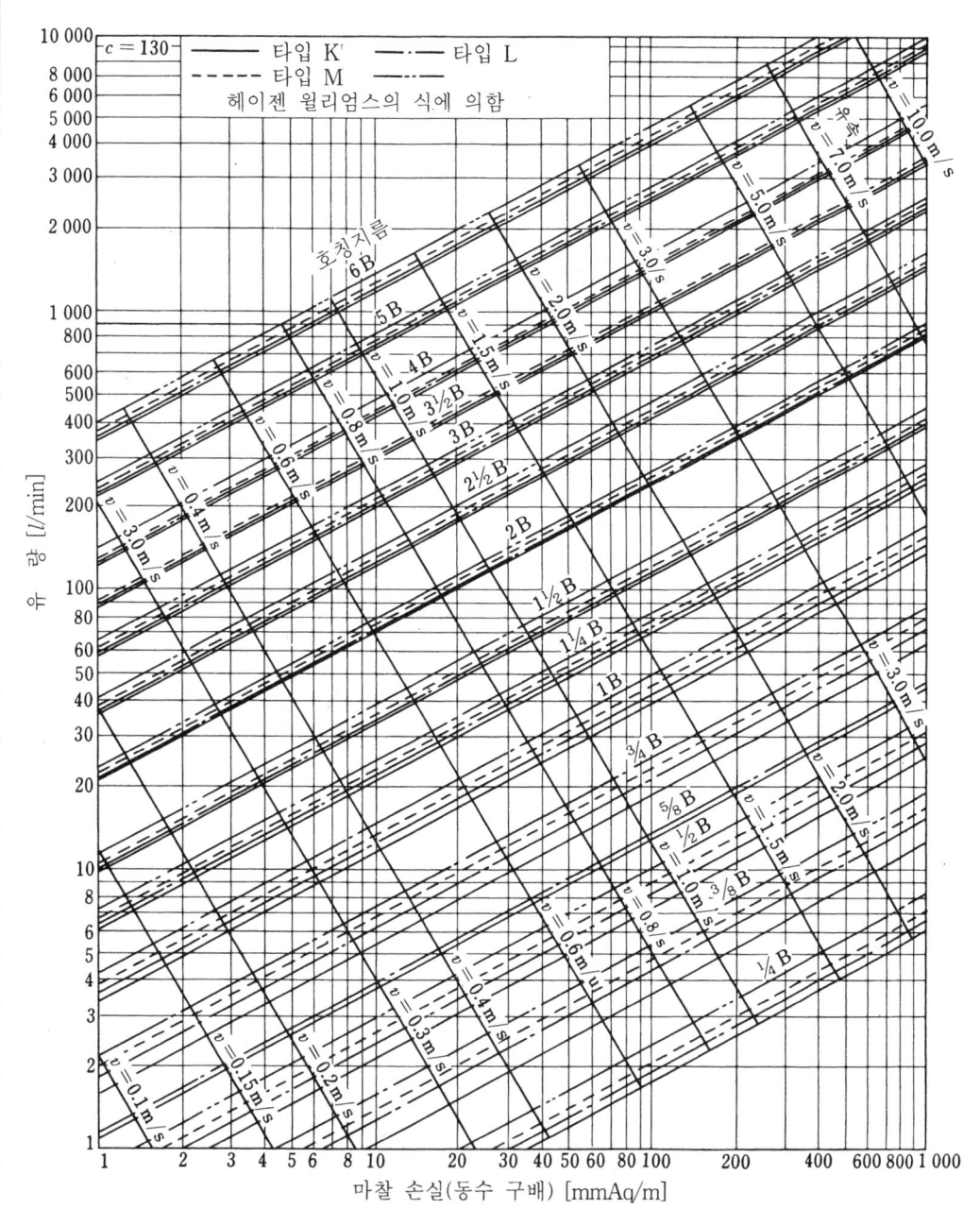

그림 4-13 동관 유량 선도

또, 환탕관의 개략적인 관 지름을 표 4-21에 나타낸다.

표 4-21 환탕관 지름

급탕관 지름	20~25	32	40	50	65~80	100	125	150
환탕관 지름	20	20	25	32	40	50	65	80

[3] 배수·통기 관의 관 지름	배수관 및 통기관의 관 지름 산출 방법에는 다음의 두 가지가 있다. 가. 정상 유량법 나. 기구 배수 부하 단위법 여기에서는 **기구 배수 부하 단위법**에 의한 방법을 나타낸다. 표 4-22, 표 4-23에 각종 위생기구의 배수 단위를 나타낸다. 이들을 이용해서 배수관의 각 부가 담당하는 배수 단위의 누계를 산출한다. 배수 수평 주관 및 부지 배수관은 표 4-24를, 배수 수평 분기관 및 수직관은 표 4-25를, 통기관은 표 4-26, 표 4-27을 사용하여 각종 관 지름을 결정한다. 또한 배수 수평 분기관의 관 지름이 수직관 지름보다 클 경우에는 수직관의 관 지름을 배수 수평관의 관 지름에 합한다.

〔산정 예〕

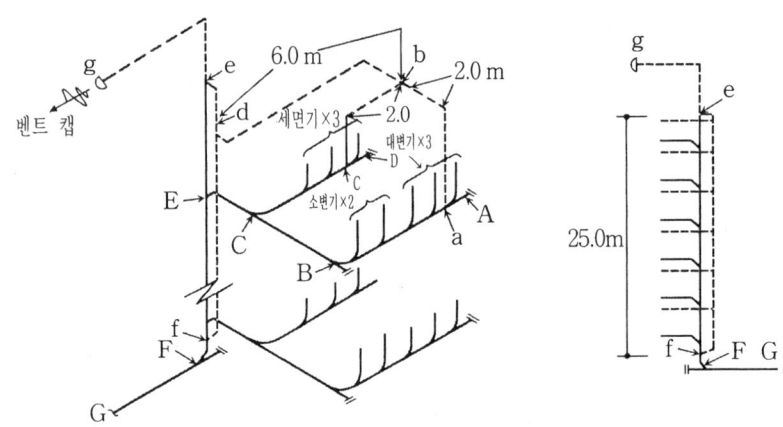

각 층 배수관 및 통기관   배수 수직관 및 통기 수직관

〔각 부의 관 지름〕

	구 간	배수 단위	관 지름	비 고
배수관	A~B~C	3개×8=24 2개×4=8 } 계 32	100A	표 4-5에 의해
	C~D	3개×1=3	40A	상동
	C~E	32+3=35	100A	상동
	e~F	35×6=210	100A	상동
	F~G	210	125A	구배 1/100로 한다. 표 4-24에 의해
통기관	a~b	32	50A	표 4-27에 의해
	c~b	3	40A	상동
	b~d	35	65A	상동
	e~f	210	75A	표 4-26에 의해
	e~g	210	100A	배수 수직관이 100A이기 때문에

주) 루프 통기관의 관 지름은, 배수 수평 분기관과 통기 수직관 중에서 어느 쪽이든 관 지름의 1/2 이상으로 한다(HASS 206-1982).

4·10 관 지름의 결정

표 4-22 각종 위생 기구의 배수 단위

기 구	부속 트랩[1] 구 경 근 사 [mm]	기구 배수 부하 단위 수	기 구	부속 트랩[1] 구 경 근 사 [mm]	기구 배수 부하 단위 수
대 변 기 세정수 탱크에 의한 경우		4	오 물 싱 크		8
세정수 밸브에 의한 경우		8	의 료 용 싱 크 (대형)		2
소 변 기 벽걸이형[2]		4	(소형)		1.5
스톨형·형경이 스톨형·대물이형·사이펀 제트형·분출식		4	치 과 용 유 닛		0.5
		8	화 학 용 실 험 싱 크		1.5
공중용 수세화장실 트랩포함·연립식 길이 0.6m마다		2	싱 크 부엌용·주택용[5]	{40 50	2 4
세 면 기	30	1	디스포저 붙임(주택용)	40	3
수 세 기 (소 형)	25	0.5	호텔·공중용(영업용)	50	4
치 과·미용용 세면기		1	소다 파운틴 또는 바용		1.5
이발·미용용 세면기		2	판트리용·접시 세척기용	{40 50	2 4
음 료 수 기		0.5	야채 씻기용		4
타 구		0.5	열탕실용	50	3
욕 조 (주택용)	{40 50	2 3	접 시 세 척 기 주택용	40	2
(서양식·일본식 붙공중용·공용)	50~75	4~6	세 면 장 별렬식 1인용에 대하여		0.5
샤 워 (연립 사위) 샤워 헤드 1개당		2	바 닥 배 수[6]	{40 50 75	0.5 1 2
비 데		3	1조의 욕실기구 (대변기·세면기 및 욕조 또는 사위)		6
청소용 또는 겸용 싱크[3]	{65 75	2.5 3	대변기의 세정이 로탱크에 의한 경우		8
세 탁 용 싱 크[5]		2	대변기의 세정 밸브에 의한 경우		
연 합 싱 크[5]		3	배수 펌프·이제터 토출량 3.8 l/min마다[7]		2
연 합 싱 크 (디스포저 부착)	트랩 별개 40	4			

[주] 1) 트랩의 구경란에 괄호를 한 것은 배수 단위를 결정하는 데 필요로 한 것이며, 그 구경에 대해서만 특별히 기술하였다.
2) JIS U 220항.
3) 주로 소 주택·아파트의 화장실 안에 설치하는 수세 전용의 것으로, 오버플로가 없는 것.
4) 욕조 소에 주로 설치된 샤워의 배수 단위수는 산정에 무관하다.
5) 이들의 기구란 단일 체류용의 곳 부분 싱크는, 가정적·개인적으로 사용하는 것으로 결정한, 총 배수 부하 단위의 산정에서는 제외해도 좋다.
6) 바닥 배수는 물을 배수할 면적에 따라 결정한다. 단, 이동 기구의 배수 부하 단위는 그들의 기구에 따라 결정한다.
7) 배수 펌프뿐 아니라 공조 기기나 유사한 기계 기구로부터 토출되는 물도 독수는 3.8 l/min마다 2단위로 한다.

4-23 표준기구 이외의 위생 기구의 배수 단위

기구 배수관 또는 트랩의 구경 근사 [mm]	기구 배수 단위
30 이하	1
40	2
50	3
65	4
75	5
100	6

표 4-24 배수 수평 주관[1] 및 부지 배수관[2]의 허용최대배수 단위

관 지름 [mm]	배수 수평 주관 및 부지 배수관에 접속 가능한 허용 최대 배수 단위 수			
	구		배	
	1/192	1/96	1/48	1/24
50			21	26
65			24	31
75		20[3]	27[3]	36[3]
100		180	216	250
125		390	480	575
150		700	840	1000
200	1400	1600	1920	2300
250	2500	2900	3500	4200
300	3900	4600	5600	6700
375	7000	8300	10000	12000

[주] 1) 배수 수평 주관 [building(house)drain] 이란, 배수 수평 분기관에서 배수 수직관으로 배수를 유도하는 관 및 배수 수직관 또는 배수 수평 분기관·기구 배수관의 배수 및 기기의 배수를 모아 부지 배수관으로 유도하는 관을 말한다.
2) 부지 배수관 [building(house)sewer] 이란, 배수 수평 주관의 종점, 즉 건물 외벽면에서 바깥쪽으로 1 m 지점에서 시작하여, 배수 본관·공공 하수도 또는 다른 배수 처리장의 유입 점까지의 배관 부분을 말한다.
3) 대변기 2개 이내일 것.

표 4-25 배수 수평 분기관[1] 및 수직관의 허용 최대 배수 단위

관 지름 [mm]	담당할 수 있는 허용 최대 배수 단위 수			
	배수 수평 분기관[2]	3층 건물 또는 브랜치 간격 3을 가진 1수직관	3층을 초과하는 경우	
			1수직관에 대한 합계	1층분 또는 1브랜치 간격의 합계
30	1	2	2	1
40	3	4	8	2
50	6	10	24	6
65	12	20	42	9
75	20[3]	30[4]	60[4]	16[3]
100	160	240	500	90
125	360	540	1100	200
150	620	960	1900	350
200	1400	2200	3600	600
250	2500	3800	5600	1000
300	3900	6000	8400	1500
375	7000	-	-	-

[주] 1) 수평 분기관(horizontal branch)이란, 기구 배수관의 배수를 배수 수직관 또는 배수 수평 주관으로 유도하는 모든 수평관을 말한다.
2) 배수 수평 주관의 분기관은 포함하지 않는다.
3) 대변기 2개 이내일 것.
4) 대변기 6개 이내일 것.

4·10 관 지름의 결정

표 4-26 통기관의 관 지름과 길이

오수 또는 잡배수관의 관 지름 근사 [mm]	배수 단위	통기관의 관 지름								
		근사 [mm] 30	근사 [mm] 40	근사 [mm] 50	근사 [mm] 65	근사 [mm] 75	근사 [mm] 100	근사 [mm] 125	근사 [mm] 150	근사 [mm] 200
		통기관의 최장 거리 [m]								
30	2	9								
40	8	15	45							
40	10	9	30							
50	12	9	22.5	60						
50	20	7.8	15	45						
65	42	–	9	30	90					
75	10	–	9	30	60	180				
75	30	–	–	18	60	150				
75	60	–	–	15	24	120				
100	100	–	–	10.5	30	78	300			
100	200	–	–	9	27	75	270			
100	500	–	–	6	21	54	210			
125	200	–	–	–	10.5	24	105	300		
125	500	–	–	–	9	21	90	270		
125	1100	–	–	–	6	15	60	210		
150	350	–	–	–	7.5	15	60	120	390	
150	620	–	–	–	4.5	9	37.5	90	330	
150	960	–	–	–	–	7.2	30	75	300	
150	1900	–	–	–	–	6	21	60	210	
200	600	–	–	–	–	–	15	45	150	390
200	1400	–	–	–	–	–	12	30	120	360
200	2200	–	–	–	–	–	9	24	105	330
200	3600	–	–	–	–	–	7.5	18	75	240
250	1000	–	–	–	–	–	–	22.5	37.5	300
250	2500	–	–	–	–	–	–	15	30	150
250	3800	–	–	–	–	–	–	9	24	105
250	5600	–	–	–	–	–	–	7.5	18	75

표 4-27 루프 통기 수평 분기관의 관 지름 (V.T.Manas)

행 수	오수 또는 잡배수관의 관 지름 근사 [mm]	배수 단위 (이 표의 수치 이하일 것)	루프 통기관의 관 지름					
			근사 [mm] 40	근사 [mm] 50	근사 [mm] 65	근사 [mm] 75	근사 [mm] 100	근사 [mm] 125
			최장 수평 거리(이 표의 수치 이하일 것)					
			[m]	[m]	[m]	[m]	[m]	[m]
1	40	10	6					
2	50	12	4.5	12				
3	50	20	3	9				
4	75	10	–	6	12	30		
5	75	30	–	–	12	30		
6	75	60	–	–	48	24		
7	100	100	–	2.1	6	15.6	60	
8	100	200	–	1.8	5.4	15	54	
9	100	500	–	–	4.2	10.8	42	
10	125	200	–	–	–	4.8	21	60
11	125	1100	–	–	–	3	12	42

[4] 우수(雨水) 관의 관 지름

우수관의 관 지름 산출 방법은 앞에서 설명한 [3]과 똑같지만, 여기에서는 1시간 최대 강우량을 100 mm/h로 하고, 부하 유량을 수평 지붕 면적으로 해서 표 4-28 및 표 4-29로부터 우수관의 관 지름을 산출한다.

또한 벽면에 흘러내리는 우수량을 고려할 경우에는 그 벽면의 면적 절반을 하부의 지붕 면적에 가산한다.

표 4-28 우수 수직관의 관 지름(HASS 206)

관 지름 [mm]	허용 최대 지붕 면적 [m²]
50	67
65	135
75	197
100	425
125	770
150	1250
200	2700

[주] 1) 지붕 면적은, 모두 수평으로 투영한 면적으로 한다.
2) 허용 최대 지붕 면적은 우량 100 mm/h를 기초로 하여 산출한 것으로 한다. 따라서 이 밖의 우량에 대해서는 표의 수치에 「100/해당 지역의 최대 우량」을 곱하여 산출한다.
3) 정사각형 또는 직사각형의 우수 수직관은 그에 접속되는 유입관의 단면적 이상을 취하고, 내면의 단변을 해당 관 지름으로 한다. 그리고 「장변/단변」의 배율을 표의 수치로 곱하여 그 허용 최대 면적으로 한다.

표 4-29 우수 수평관의 관 지름(HASS 206)

관 지름 [mm]	허용 최대 지붕 면적 [m²] 배 관 구 배							
	1/25	1/50	1/75	1/100	1/125	1/150	1/200	1/300	1/400
65	127	90	73	-	-	-	-	-	-
75	186	131	107	-	-	-	-	-	-
100	400	283	231	200	179	-	-	-	-
125	-	512	418	362	324	296	-	-	-
150	-	833	680	589	527	481	417	-	-
200	-	-	1470	1270	1130	1040	897	732	-
250	-	-	-	2300	2060	1880	1630	1330	1150
300	-	-	-	3740	3350	3050	2650	2160	1870
350	-	-	-	-	5050	4610	3990	3260	2820
400	-	-	-	-	-	6580	5700	4650	4030

[주] 1) 지붕 면적은 모두 수평으로 투영한 면적으로 한다.
2) 허용 최대 지붕 면적은 우량 100 mm/h를 기초로 하여 산출한 것이다. 따라서 이 밖의 우량에 대해서 표의 수치에 「100/해당 지역의 최대 우량」을 곱하여 산출한다. 또한 유속이 0.6 m/s 미만 또는 1.5 m/s를 초과하는 것은 바람직하지 않기 때문에 제외하였다.
3) 도시의 하수도 조례가 적용되는 지역에는 그 조례의 기준에 적용시켜야 한다.

[5] 우수(雨水) 유출량	부지 우수관이 지표면의 빗물을 받아들일 경우에는 표 4-30에 나타낸 유출 계수를 사용한다.

표 4-30 유출 계수

	종 별	유출 계수
공종별	지 붕	0.85~0.95
	아스팔트·콘크리트포장	0.75~0.85
	자 갈 길	0.2~0.3
	비 포 장 표 면	0.1~0.3
지역별	상 업 지 구	0.6~0.7
	공 업 지 구	0.4~0.6
	주 택 지 구	0.3~0.5
	공 단 녹 지	0.1~0.2

또한 자치단체의 하수도 조례가 적용되는 지역에 대해서는 그 조례에 맞도록 해야 한다.

부지 우수 유출량의 산정에는 합리식과 실험식이 있는데, 여기에서는 일반적인 합리식을 나타낸다.

$$Q = \frac{1}{360} \cdot C \cdot I \cdot A$$

여기에서 Q : 우수 유출량 [m³/s]

C : 유출 계수 (표 4-30 참조)

I : 강우 강도 $\left(일반적으로\ I = \frac{a}{t+b}\right)$

a, b : 정수 (지역에 따라 변한다. 도쿄에서는 a=5000, b=40)

A : 우수관이 담당하는 배수 면적 [ha] (1 ha=10000 m²)

t : 유달(流達) 시간 [min]

$t = t_1 + t_2$

t_1 : 유입(流入) 시간 [min]

{t_1=2 min(시가지), 10 min(전원 지대),

평균 t_1=5~7 min}

t_2 : 유하(流下) 시간 [min]

$t_2 = l/60 \cdot V_s$

l : 하수관 길이 [m]

V_s : 유속(流速) [m/s] (1.0~1.2로 한다)

[6] 원형관의 유량(流量)

표 4-31은 강기에-쿠터(Ganguillet-Kutter)의 공식을 사용하여 산출한 원형관의 유속과 유량의 관계이다.

$$V = C\sqrt{RI} \text{ [m/s]}$$

$$C = \frac{\frac{1}{n} + 23 + \frac{0.00155}{I}}{1 + \left(23 + \frac{0.00155}{I}\right)\frac{n}{\sqrt{R}}}$$

여기에서 V : 평균 유속 [m/s]
C : 유속 계수(경질 염화비닐관 : 130, 콘크리트관 : 110)
n : 쿠터의 조도(粗度) 계수
R : 지름 깊이 [m]
I : 동수(動水) 구배

표 4-31 원형관 유량
(강기에-쿠터의 공식, 만류, 조도 계수 0.013)

관 지름 [mm]	75		100		150		200		250		300	
구배 [%]	V	Q	V	Q	V	Q	V	Q	V	Q	V	Q
20.0	0.605	0.0028	0.769	0.0060	1.071	0.0189	1.346	0.0423	1.607	0.0789	1.848	0.1307
16.0	0.554	0.0025	0.704	0.0055	0.980	0.0173	1.232	0.0387	1.457	0.0705	1.653	0.1169
14.0	0.515	0.0023	0.655	0.0051	0.912	0.0161	1.146	0.0360	1.344	0.0660	1.546	0.1093
10.0	0.428	0.0019	0.545	0.0043	0.759	0.0134	0.954	0.0299	1.135	0.0557	1.306	0.0923
8.0	0.376	0.0017	0.479	0.0038	0.667	0.0118	0.838	0.0263	1.015	0.0498	1.167	0.0825
6.0	0.334	0.0015	0.425	0.0033	0.591	0.0104	0.743	0.0234	0.878	0.0431	1.010	0.0714
5.0	0.302	0.0013	0.384	0.0030	0.535	0.0095	0.673	0.0211	0.801	0.0393	0.921	0.0651
4.0	0.270	0.0012	0.343	0.0027	0.478	0.0085	0.601	0.0189	0.716	0.0351	0.823	0.0582
3.0	0.234	0.0010	0.297	0.0023	0.413	0.0074	0.520	0.0163	0.619	0.0304	0.712	0.0503

[주] 1) V : [m/s], Q : [m³/s], 관 재료는 콘크리트관.
2) 관내 유속은 합류에서 0.8 m/s 이상, 2.5 m/s 이하, 분류에서 0.6 m/s 이상, 2.5 m/s 이하를 표준으로 한다.

4·11 설계 계산 예

[1] 급수 설비

설계 조건
1) 용도 : 사무실(일부 점포가 있음)
2) 규모 : 지하 2층, 지상 8층, 옥탑 방 2층
   연 면적 3000 m²(각층 300 m²)
3) 기타 : 지하 1층만 임대 점포(음식점 100 m²×1), 1층~8층 사무실
   유효 면적 65% 유효 면적당의 인원을 0.2인/m²로 하였다.

1. 유효 면적(사무실 등) …… A_E [m²]
   $A_E = (3000-600)) \times 0.65 = 1560$ m²

2. 인원 산정
1) 사무실의 사용 인원 : N [인]
   1560 m²×0.2인/m² = 312인
2) 임대 점포의 이용 총 고객
   음식점(양식) 100 m²×0.75×0.6×4 = 180 인
3) 기계 보수, 청소원 등의 인원 : 5인으로 가정

3. 1일 최대 사용 수량(水量) Q_d의 산정

3-1 생활 용수
1) 사무실 312인×100 l/인 = 31200 l/d
2) 임대 점포
   고객(양식) 180인×55l/인 = 9900 l/d
   종업원(양식은 연 고객의 3%로 한다)
   180인×0.03≒5인×100 l/d = 500 l/d
3) 기계 보수와 기타 인원
   $\underline{5인 \times 100\ l/d = \ 500\ l/d}$
   계 42100 l/d

3-2 냉각탑 보급수 : Q_{CT}
   냉동기 용량 개산(槪算)
   (3000 m²×150 kcal/m²)÷3030 kcal/USRT ≒ 150 USRT
   보급 수량(증발·비산을 순환 수량의 2%, 냉동기의 부하율을 평균 50%로 한다)
   (150U SRT×780 l/h×0.02×0.5)×8 h≒9400 l/d

3-3 합계(42100 l/d + 9400 l/d = 51500 l/d)
   1일 최대 사용 수량 51500 l/d …… Q_d

[주] 이외에 특별한 사용 수량도 예상할 것(주방용 냉동기 냉각수, 살수, 청소용 등).

4. 시간 평균 사용 수량 Q_A [l/h]의 산정

   51500 l/d×1/9≒5700 l/h

5. 시간 최대 사용 수량 Q_M의 산정

   1) 생활 용수 (사무실, 점포 종업원, 보수원 등)

   (31200 l/d+500 l/d+500 l/d)×1/9×1.5≒5400 l/h

   2) 점포 사용수

   9900 l/d×1/9×2.0=2200 l/d

   3) 냉각탑 보급수

   9400 l/d×1/9≒1000 l/d

   4) 시간 최대 급수량

   5400 l/h+2200 l/h+1000 l/h=8600 l/h

   5) 순간 최대 급수량

   Q_p=8600 l/h×1/60×3≒430 l/min

6. 수수 탱크 용량 V_s의 산정

   $V_s \geq Q_d - Q_{ST}$ 또한 $V_s \leq Q_s$ (24-T)로부터

   $V_s \geq 51.5 - (5.7 \times 9) = 0.2$ m^3

계산상으로는 0.2 m^{3}로 해도 좋지만, 1일 사용량의 4/10로 한다.

   ∴ V_s=51.5 m^3/d×4/10≒21 m^3

   또 야간의 저수 능력 체크는 $V_s \leq Q_s$ (24-T)로부터

   $V_s \leq 5.7(24-8) = 91.2$ m^3

따라서, 탱크 용량에 대해서 야간의 저수 능력은 충분하다.

   수수 탱크 용량 21 m^3×1/0.8≒26 m^3

   급수 인입관의 급수량을 시간 평균 급수량으로 하면 5700 l/h×1/60 ≒95 l/min

7. 인입관 지름의 산정

   $p = (10 \times p_0 \pm L_V) - L_F$ [mAq] 지하의 경우는 +, 지상의 경우는 −

위의 식으로 산출한 p로 Q_A를 확보할 수 있는 구경으로 한다. 단지 관내 유속은 워터 해머를 고려하여 1.5 m/s 이하로 한다. 인입관을 염화비닐 강관으로 한다.

   (가정 조건 p_0=1.0 kgf/cm^2, L_V=5 m)

   L_F=50 m×150 mmAq/m=7500 mmAq

   (상기 50 m는 배관의 연장, 이음, 밸브, 양수기의 상당 관 길이를 포함) 예상 관 지름을 32 ϕ로 하면

   p=(10×1.0+5)−7.5=7.5 mAq

FM 밸브 유량표로부터 정수위 밸브의 구경은 ϕ25를 얻는다.

8. 고가 탱크 용량 V_s의 산정

고가 탱크 용량은 다음 식을 만족시키는 용량을 표준으로 한다.
$V_E = (Q_p - Q_{pu}) \cdot T_1 + Q_{pu} \cdot T_2$ 로부터
$\quad Q_p = 420 \, l/\text{min}$
펌프의 양수량을 시간 최대 급수량으로 하면
$\quad Q_{pu} = 8600 \, l/d \times 1/60 ≒ 140 \, l/\text{min}$
고가 탱크의 유효 용량 V_E는 ($T_1 = 30$, $T_2 = 15$로 하면)
$\quad V_E = (430 \, l/\text{min} - 140 \, l/\text{min}) \times 30 + 140 \, l/\text{min} \times 15 = 10800 \, l$
따라서, 고가 탱크의 용량은
$\quad 10800 \, l \times 1/0.8 = 13500 \, l$

a. 양수 펌프의 산정

1) 양수량 $Q_{pu} = 140 \, l/\text{min}$

2) 양정 H [m]

펌프의 전양정 H는, $H = H_1 + H_2 + H_3$으로부터(H_1 : 1 m, H_2 : 45 m로 가정, H_3 : 실양정의 25%로 가정한다)
$\quad H = 1\,\text{m} + 45\,\text{m} + (45\,\text{m} \times 0.25) ≒ 58\,\text{m}$

따라서, 양수 펌프의 펌프 효율을 45%, 전도 효율을 1로 하고, 펌프의 소요 동력 L_R이라고 하면
$$LR = \frac{0.163 \times 0.14 \times 58}{0.45 \times 1} ≒ 3.0 \, \text{kW}$$

주파수를 50 Hz로 한다. 사용하는 펌프는
$\quad 40\,\phi \times 140 \, l/\text{min} \times 58 \, \text{m} \times 3.7 \, \text{kW} \times 2$대

[2] 급탕 설비

1. 급탕 방식

1) 일반 계통 ········ 중앙식

2) 음료 계통 ········ 국소식

3) 음식점 계통 ······ 국소식

2. 조닝

일반·음료·음식점의 3계통으로 한다. 또한 일반 계통도 초고층 빌딩 등 정도면 계통 분할이 필요하지만 지금의 규모에서는 1계통으로 충분하다.

3. 급탕량의 산정

3-1 1일 최대 급탕량 : Q_d [l/d]

1) 사무실 인원

1인당 사용량 10 l/d

312인 × 10 l/d = 3120 l/d

2) 임대 점포 고객

고객 1인당 사용량 2 l/d

180인 × 2 l/d = 360 l/d

3) 임대 점포 종업원

　1인당 사용량 10 l/d

　5인 × 10 l/d = 50 l/d

4) 기계 보수, 청소원 등

　1인당 사용량 30 l/d

　5인 × 30 l/d = 150 l/d

　Q_d = 1) + 2) + 3) + 4) = 3680 l/d

3-2 시간 최대 급탕량 : Q_h [l/h]

　$Q_h = Q_d \times q_h$

여기에서, q_h : 1일 사용에 대한 필요한 1시간당 최대 비율

∴ Q_h = 3680 l/d × 1/5 ≒ 740 l/h

4. 저탕 탱크의 산정

1) 저탕 탱크 용량 : V [l]

　$V = Q_d \cdot dv$

여기에서, dv : 1일 사용량에 대한 저탕 비율

∴ V = 3680 l/d × 1/5 ≒ 740 l

2) 가열 능력 : H [kcal/h]

　$H = Q_h \cdot r(t_h - t_c)$

여기에서, r : 1일 사용량에 대한 가열 능력의 비율

　t_h : 급탕 온도 [℃], t_c : 보급수 온도 [℃]

∴ H = 3680 l/h × 1/6(60 − 5) ≒ 33700 kcal/h

3) 가열 코일의 산정

코일의 표면적을 S [m²]라고 하면

$$S = \frac{R(t_n - t_c)}{K\left(t_s - \dfrac{t_h + t_c}{2}\right)} \; [\text{m}^2]$$

여기에서, K = 1170, t_c = 5℃, 증기 압력 = 3 kgf/cm² 이라고 하면, t_h = 132℃

코일 내측의 표면적 S [m²/m]는

$$S = \frac{740 \times (60 - 5)}{1170 \times \left(132 - \dfrac{65 + 5}{2}\right)} ≒ 0.36 \text{m}^2$$

가열 코일에 32 ϕ 동관을 사용할 경우, 코일의 길이 M은

　M = 0.36 × 11.4 × 1.5 ≒ 6m

따라서 가열 코일은, 32 ϕ × 6m로 한다.

5. 안전 장치

1) 팽창 탱크 용량(개방형) V [l]의 산정

$$\Delta V = \left(\frac{1}{\rho_2} - \frac{1}{\rho_1}\right) V$$

여기에서, ΔV : 급탕 계통 내의 팽창량 [l]
V : 급탕 배관 내의 전 수량 [l]
ρ_1 : 가열 전의 물의 밀도 [kg/l]
ρ_2 : 가열 후의 물의 밀도 [kg/l]

$V=2500\ l$로 가정한다.

$\rho_1=1\ \text{kg}/l\ (t_c=5℃)$

$\rho_2=0.983\ \text{kg}/l\ (t_h=60℃)$

$\therefore \Delta V=\left(\dfrac{1}{0.983}-\dfrac{1}{1}\right)\times 2500 ≒ 43\ l$

팽창 탱크의 용량은 ΔV의 2배로 하여

$43\ l\times 2=86\ l$

2) 팽창관의 수직 높이 : H [m]

$$H \geqq h\left(\dfrac{\rho_1}{\rho_2}-1\right)$$

여기에서, h : 고가 수조의 상수면부터 저탕 탱크의 밑바닥까지의 정수두(靜水頭) [m]

$h=45\ \text{m}$로 가정

$H \geqq 45\left(\dfrac{1}{0.983-1}\right) ≒ 0.8\ \text{m}$

6. 순환 펌프의 산정

1) 순환 수량 : Q_1 [l/min]

$$Q=\dfrac{Q_1}{\Delta t \times 60}$$

Q_1의 산출(보온된 동관으로 한다)

급탕관, 환탕관의 평균 구경을 50 mm로 하고 전 배관 길이를 150 m로 가정하면, 배관계에서의 열손실은

$150\ \text{m}\times 13.2\ \text{kcal/m·h}=1980\ \text{kcal/h}$

기기 밸브 등에서의 열손실을 배관계의 60%로 예측하면

$1980\times 0.6 ≒ 1200\ \text{kcal/h}$

강제 순환이기 때문에

$Q=\dfrac{1980+1200}{5\times 60} ≒ 10.6 = 11\ l/\text{min}$

2) 순환 펌프의 양정 : H_c [mmAq]

펌프의 전양정 H는

$$H=H_1\times\left(\dfrac{l_1}{2}+l_2\right)$$

$H_1=0.01\ \text{mAq/m},\ l_1=60\ \text{m},\ l_2=80\ \text{m}$로 하면

$$H = 0.01\left(\frac{60}{2} + 80\right) = 1.1\text{m}$$

3) 순환 펌프의 결정

$$L_R = \frac{0.163 \times 0.011 \times 1.3}{0.3 \times 1} ≒ 0.008\text{kW} ≒ 0.01\text{kW}$$

순환 펌프는 $20\phi \times 11\ l/\text{min} \times 1.1\ \text{m} \times 0.01\ \text{kW}$로 한다.

〔3〕 배수 설비

1. 배수 탱크 용량의 결정

지하 2층 바닥 밑에는 화장실의 배수용으로 오수 탱크, 음식점의 배수로서 잡배수 (주방 배수) 탱크, 지하 벽·바닥 밑 용수(湧水)용으로 용수 탱크를 설치한다. 주방에서의 배수는 주방 내에 각각 그리스 저집기(interceptor)를 설치하고, 그리스를 분리하여 배관의 막힘을 방지한다.

1-1 오수 탱크

지하 1, 2층 화장실의 배수량을 다음 표의 기구가 있는 것으로 상정한다.

기 구	개수	1회당의 급수량	1시간당의 사용 횟수	배 수 량
대 변 기	8	15 l	9	1080 l
소 변 기	5	5 l	16	400 l
세 면 기	12	10 l	20	2400 l
청소 싱크	3	25 l	0.5	≒40 l
합 계				3920 l ≒ 4000 l

따라서, 최대 배수량은

$$4000\ l \times 1/60 \times 3 = 200\ l/\text{min}$$

오수 탱크 용량은 배수량의 20분간 분 = 4m^3(유효)로 한다.

1-2 잡배수 탱크

주방 배수량 = 주방 급수량 = 9900 l/d, 주방의 사용 시간을 10시간으로 하고, 1시간당 최대 사용량을 수조 용량으로 한다.

$$\text{최대 배수량} = \frac{9900\ l}{10\ \text{h}} \times 2 = 1980\ l/\text{h}$$

잡배수 용량은 2m^3(유효)로 한다.

1-3 용수(湧水) 탱크

지하벽, 밑바닥의 용수량 = 1.8 $l/\text{m}^2 \cdot \text{h}$, 지하벽, 밑바닥 면적의 합계 = 1000 m^2으로 하면, 용수량은

$$1000\ \text{m}^2 \times 1.8\ l/\text{m}^2 \cdot \text{h} = 1800\ l/\text{h}$$

용수 탱크는 용수 2시간 분 ≒ 4m^3로 한다. 또한 드라이 에어리어 등의 빗물 처리를 위해 우수 배수 탱크를 단독으로 설치하거나 용수 탱크로 들어오게 한 경우에는 그 지역의 10분간 최대 강수량의 30분간 분량 이상의 용량이 되도록 한다(참고로, 일본 도쿄 : 35 mm).

2. 배수 펌프의 선정

배수 펌프는 설치 스페이스를 차지하지 않도록 수중 펌프로 한다.

2-1 오물 펌프

토출량은 배수량의 1.5~2배로 한다.

오수 탱크 밑면에서 옥외 맨홀까지의 높이를 12 m, 배관 전체 길이를 20 m로 한다.

$$Q = \frac{4000 \, l/h}{60} \times 1.5 \fallingdotseq 100 \, l/min$$

$$H = 1 \, m + 12 \, m + (20 \, m \times 0.2) = 17 \, m$$

화장실의 배수용 펌프는 반드시 오물 펌프로 하고, 최소 구경은 80 mm로 한다.

오수 펌프 규격은 80 mm × 100 l/min × 17 m × 3.7 kW가 된다.

설치 대수는 두 대로 하고, 자동 교번 운전으로 한다.

2-2 잡배수 펌프 (점포 배수)

토출량, 양정은 오수 펌프와 똑같이 선정한다.

잡배수용 펌프로는 잡배수 또는 오수 펌프가 좋지만, 주방 배수의 경우에는 오물 펌프로 한다. 점포 배수량 = (9900 l/d + 500 l/d) × 1/9 = 10400 l/d × 1/9 = 1160 l/h

$$Q = \frac{1160 \, l/h}{60} \times 3 \fallingdotseq 60 \, l/min$$

펌프 규격은 65 mm × 60 l/h × 17 m × 0.75 kW로 된다.

설치 대수는 두 대로 하고, 자동 교번 운전으로 한다.

2-3 용수(湧水) 펌프

펌프의 양수량은 용수량의 두 배로 한다.

$$Q = \frac{1800 \, l/h}{60} \times 2 \fallingdotseq 60 \, l/min$$

펌프의 규격은 50 mm × 60 l/min × 17 m × 1.5 kW × 2대가 된다.

드라이 에어리어가 있어서 이 부분의 빗물 배수를 용수조로 도입하고 싶을 때를 생각해 본다. 드라이 에어리어 면적 50 m^2, 드라이 에어리어 직상의 외벽 면적을 160 m^2로 하면

배수 상당 면적 = 50 + (160 × 1/2) = 130 m^2

드라이 에어리어로 유입되는 우수량은

$$130 \, m^2 \times 0.035 \, m \times \frac{1}{10} \, min = 0.455 \, m^3/min$$

용수(우수 배수) 펌프는 180 mm × 460 l/mm × 17 m × 3.7 kW가 된다.

설치 대수는 두 대로 하고, 자동 교번 운전으로 한다.

제5장 건축 관련도

5·1 건축 관련 도서의 용도 및 사용 방법

[1] 설계도

발주자의 계획을 기초로 설계사무소, 건축 업자가 건축물의 레이아웃·마감 등을 고려하여 그린 설계도이다.

기본 설계도에는 다음의 도면이 포함된다.

a) 마감표

바닥·걸레받이·벽·천장 등의 마감재·마감 방법 등이 그려져 있다. 마감표의 예를 다음에 나타낸다.

층	실 명	바 닥	걸레받이	징두리벽	천 장	
					재 료	천장 높이
B2	엘리베이터 홀	자기 타일 공사 200°	모르타르 흙 $H=200$	ALC 판 (가) 100 기초 강판 패널 깔기	경철 기초 PB (가) 9 밑창 붙임 암면 흡음판 (가) 12 붙임	2500
	화장실	콘크리트 직접 고르기 장척 염화비닐 시트 (가) 2.0	소프트 걸레받이, 알루미늄 금속물 붙임	모르타르 흙 손질 스프레이 타일	경철 기초, 치장 석고 보드 직접 붙임 (가) 9	2500
	대기실	비닐계 타일 (가) 2.0	소프트 걸레받이 $H=60$	콘크리트 기초 PB (가) 12 GL 공법	상동	2500
	팬룸	콘크리트 직접 흙 손질	모르타르 흙 손질 $H=150$	치장 콘크리트	치장 콘크리트 글라스 울 매트 (가) 50 붙임	-
	수수조실	신더 콘크리트 직접 흙 손질 마무리 (가) 200	상동	상동	상동	-
	주차장	잔자갈 콘크리트 직접 누르기 ($F_c=210\,kg/cm^2$)	상동	상동	상동	-

b) 각 층 평면도·전개 및 부분 상세도
각 층의 레이아웃 및 마감 상세도가 그려져 있다.
c) 천장 평면도
각 층·각 실의 천장 높이, 천장 마감재, 점검구 등이 그려져 있다(설비 기구가 기입되어 있는 경우도 있다). 예를 아래에 나타낸다.

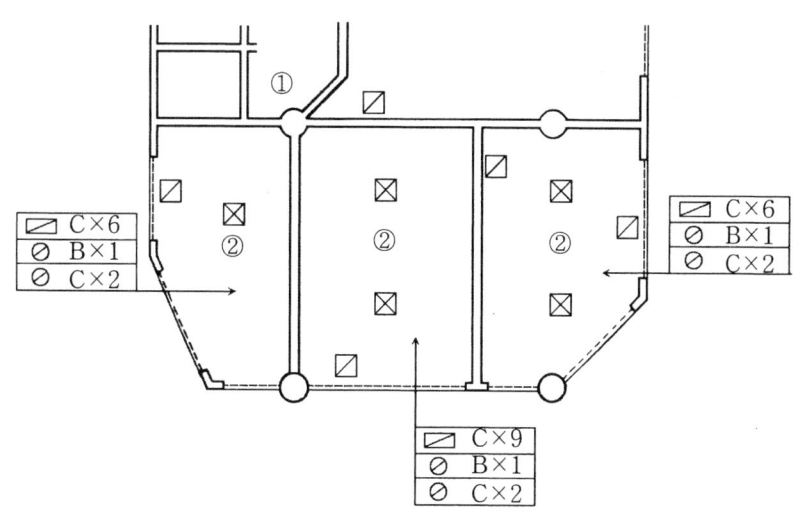

특기(각 층 공통)
천장 매입 기구(조명·확성기)의 개구 치수는 다음과 같게 한다.
◻A…190×1260, ◻B…303×260, ◻C…445×1260, ◻D…1260×1260,
⊘A…φ100, ⊘B…φ150, ⊘C…φ200, ⊘D…φ300, ⊘E…φ450, ⊘G…φ900

d) 키 플랜 및 창호표

문짝·창·셔터·루버·벽 점검구의 위치, 크기 등이 그려져 있다. 키 플랜과 창호표의 예를 아래에 나타낸다.

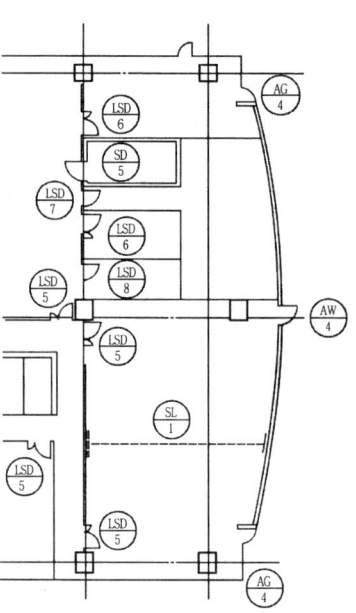

종별 번호		형 태	창호 치수 $W \times H \times D_1 \times D_2$	마감	개수	유리 [mm]	접 속		루버		금
							물끊기		H	마감	
AW/4	W4	밖 여닫이문 붙임 붙박이 입형 내닫이창	800×21735× ×70 (1510)	A-1	1	유리 지시도 참조					
SD/5	D4	외여닫이 플러시 문	800×2000×40×110	↑	4				5		H, D
AG/4	G3	스테인리스 네트 천장 루버	1900×500	SUSD	12						
LSD/5	D14	쌍여닫이(주, 보조) 플러시 문	1200×2100×40×110	St OP	5	F4					Pl
LSD/6	D14	↑(루버 붙임)	1200×2100×40×110	↑	2	F4			300	St OP	
LSD/7	D15	외여닫이 플러시 문	850×2100×40×110	↑	1						
LSD/8	D15	↑	850×2100×40×110	↑	2				30		
SL/1		미닫이(아래 보) 가동 칸막이									

[2] 구조도

설계 사무소·건축업자 등이 설계도·설비 기기 배치에 의거, 기둥·벽·보·바닥 등의 구조를 계산해서 작성한 것이다.

구조도에는 아래의 도면이 포함되어 있다.

a) 각 층 바닥 평면도

기둥·벽·보·바닥이 기호로 표시되고, 바닥·보의 레벨이 기입되어 있다.

b) 기둥·벽·보·바닥 리스트 표

바닥 평면도에 그려진 기호마다의 치수 및 배근 방법이 기입되어 있다.

c) 철골도

S조·SRC조의 경우에는 철골 평면도, 기둥, 보 등의 치수 레벨 등이 기입되어 있다.

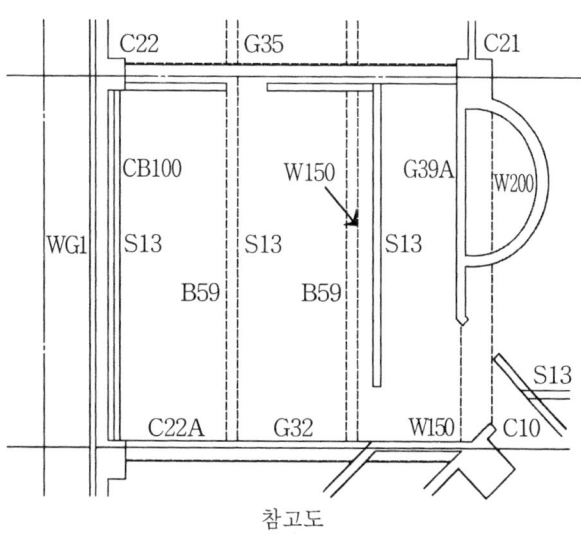

참고도

C --- 기둥
WG --- 큰 보(RC)
G --- 큰 보(SRC)
B --- 작은 보
S --- 바닥
W --- 벽
CB --- 콘크리트 블록

[3] 골조도　건축업자가 구조도, 기본 설계도를 기초로 구조체 콘크리트를 타설하기 위하여 그린 도면이며, 기둥·벽·보·바닥·문 등의 개구(開口)가 그려져 있고, 거푸집·배근 작업에 쓰인다.

골조도(올려다 본 그림) 읽는 방법의 예를 다음에 나타낸다.

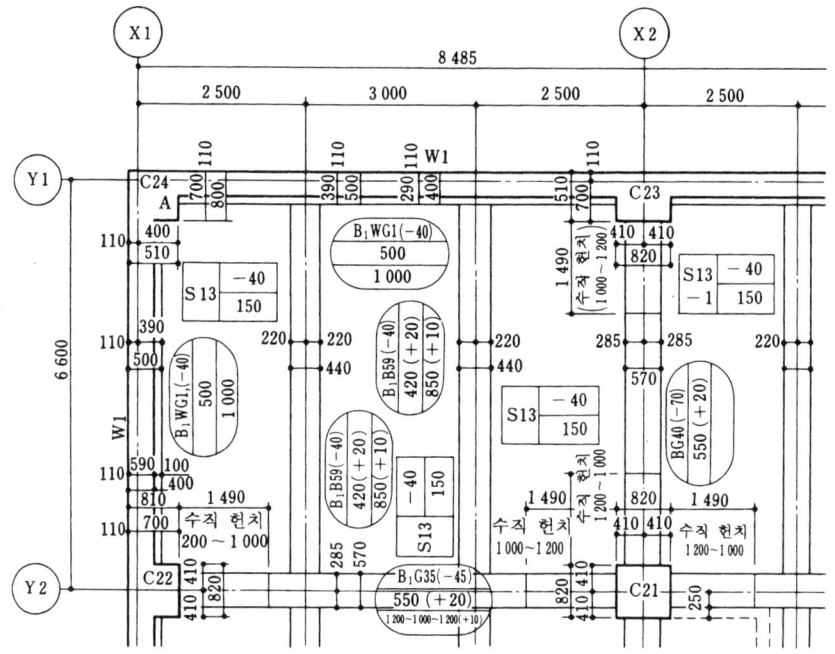

C22, B_1G35, B_1B59, S13, W1은 설계도에 나타낸 기둥·보·바닥·벽의 설계 부호를 나타낸다.

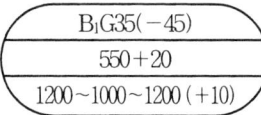

B_1F 바닥의 큰 보로서 폭 550, 여유분 양측 10, 양성(深成) 1200~1000(헌치 보), 여유분 10, 보 윗면의 레벨이 B_1FL보다 45 아래에 있는 것을 나타낸다.

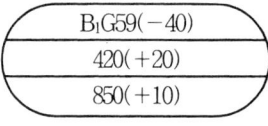

B_1F 바닥의 작은 보로서 폭 420, 여유분 양측 10, 양성(深成) 850, 여유분 10, 보 윗면의 레벨이 B_1FL보다 40 아래에 있는 것을 나타낸다.

S13	−40
	150

슬래브 두께 150, 슬래브 위 바닥의 레벨이 B_1FL보다 40 아래에 있는 것을 나타낸다.

[주] 표시는 모두 mm단위로 한다.

[4] 철골도	철골업자가 구조 설계도를 기초로 그린 철골 제작도이다. 배관 관통 슬리브도 기입한다.	

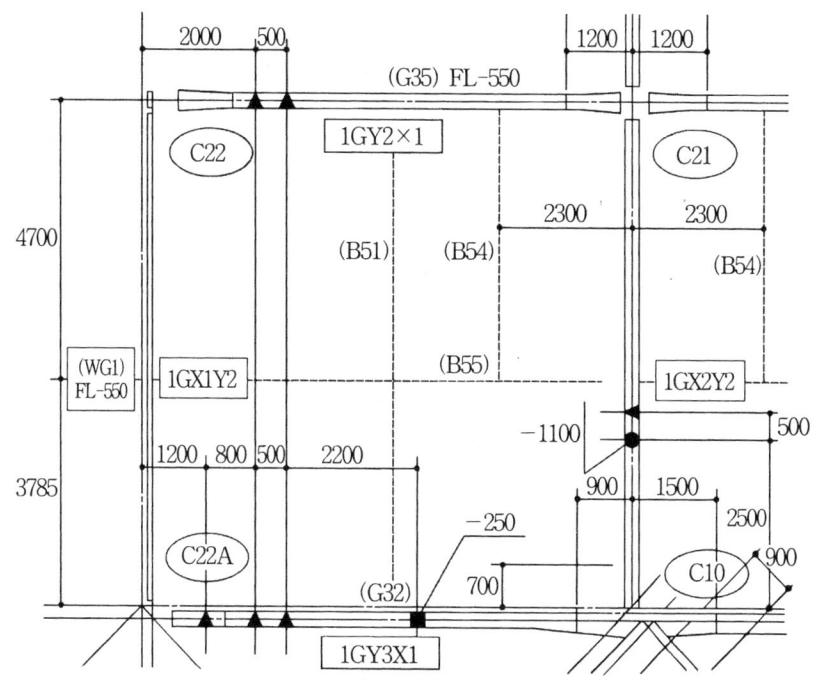

가. C 22, G 32는 설계도에 나타낸 기둥·보의 설계 부호를 나타낸다.

나. 1GY3×1은 1F 바닥 보로서, 철골 제작 부재 부호를 나타낸다.

다. ▲표시 −1100은 ϕ100으로 1FL보다 1100 아래에 있는 것을 나타낸다(▲표시 ϕ100, ●표시 ϕ150, ■표시 ϕ200 등의 심벌로 구경을 결정해 둔다).

[5] 부분 상세도

기둥·벽 등의 마감 치수 및 마감재 등이 기입되어 있는 건축 시공도이다.

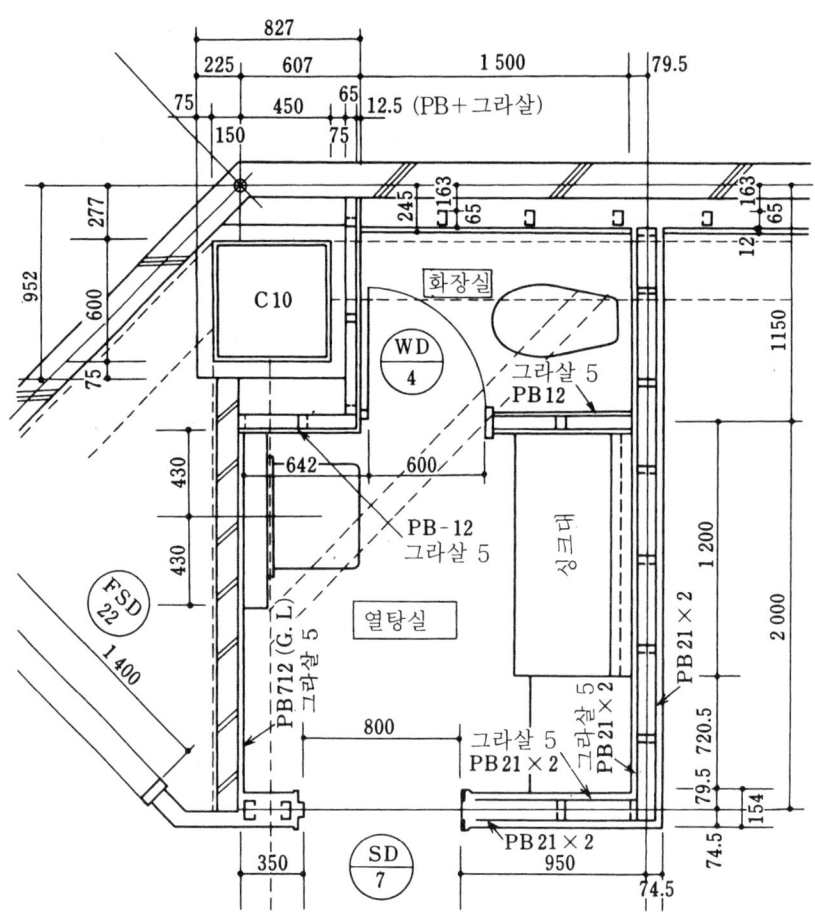

화장실·열탕실	CH=2300
바　　닥	콘크리트 직접 고르기, 장척 염화비닐 시트(두께 2) 내약품성
걸레받이	바닥재 수직 알루미늄 금속구 붙임
벽	일부 PB+21×3, LGS 기초 PB 두께+21+21, 석면 열기 건조 도장판 압착
천　　장	LGS 기초 PB 두께 9 기초 암면 흡음판 두께 12 붙임
비　　고	

5·2 골조도 트레이스 상의 주의

〔1〕트레이스 상의 주의

가. 트레이스는 도면을 옮겨 그리는 작업이며, 트레이스 할 건축 도면을 뒤에 대고 트레이스 하는 것이 좋다. 구조체와 설비가 별도로 그려져 있는 편이 변경 등을 할 때 고치기 쉽다.

나. 평면도를 분할하여 이어서 합한 경우에는 어긋남이 없는지, 또는 빠진 부분이 없는지 반드시 확인한다.

다. 트레이스 할 때의 연필의 굵기·농도는 일반적으로 0.3~0.5 mm-2H~H를 기준으로 한다(배관·문자·숫자는 0.5 mm-HB~B가 기준).

라. 구조체의 표시를 다음에 나타낸다.

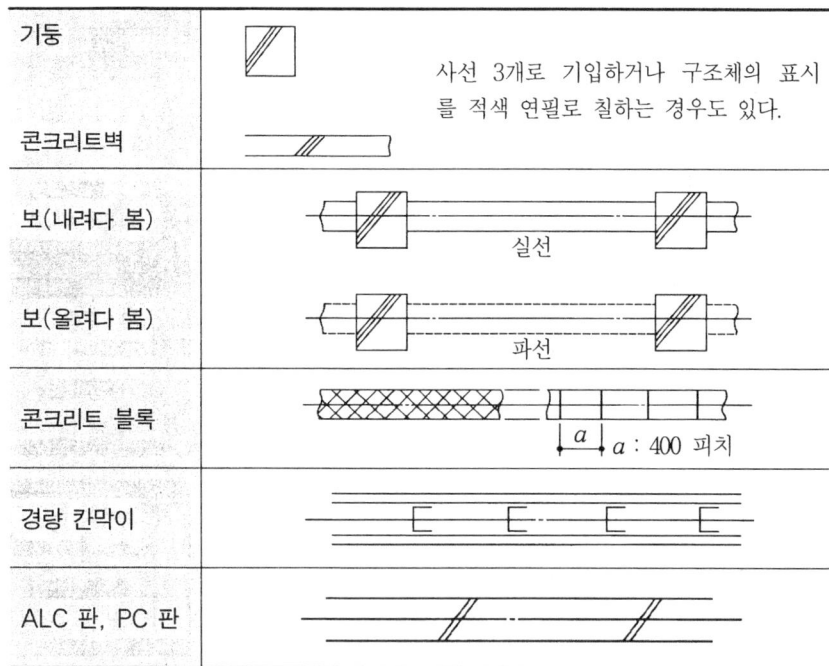

〔2〕시공도에 필요한 구조체선·치수선

가. 기둥·보·벽·블록 등을 기입하고, 벽 개구·바닥 개구를 표시한다.

나. 치수선은 중심선 간의 치수·보·벽의 중심에서의 치수를 바깥쪽에 기입하고, 내부에 기입하는 기둥·보·벽의 치수 및 실명 등은 배관을 그린 후에 기입하는 것이 좋다.

〔3〕 트레이스의 실례

일반적인 트레이스의 예를 다음에 나타낸다.

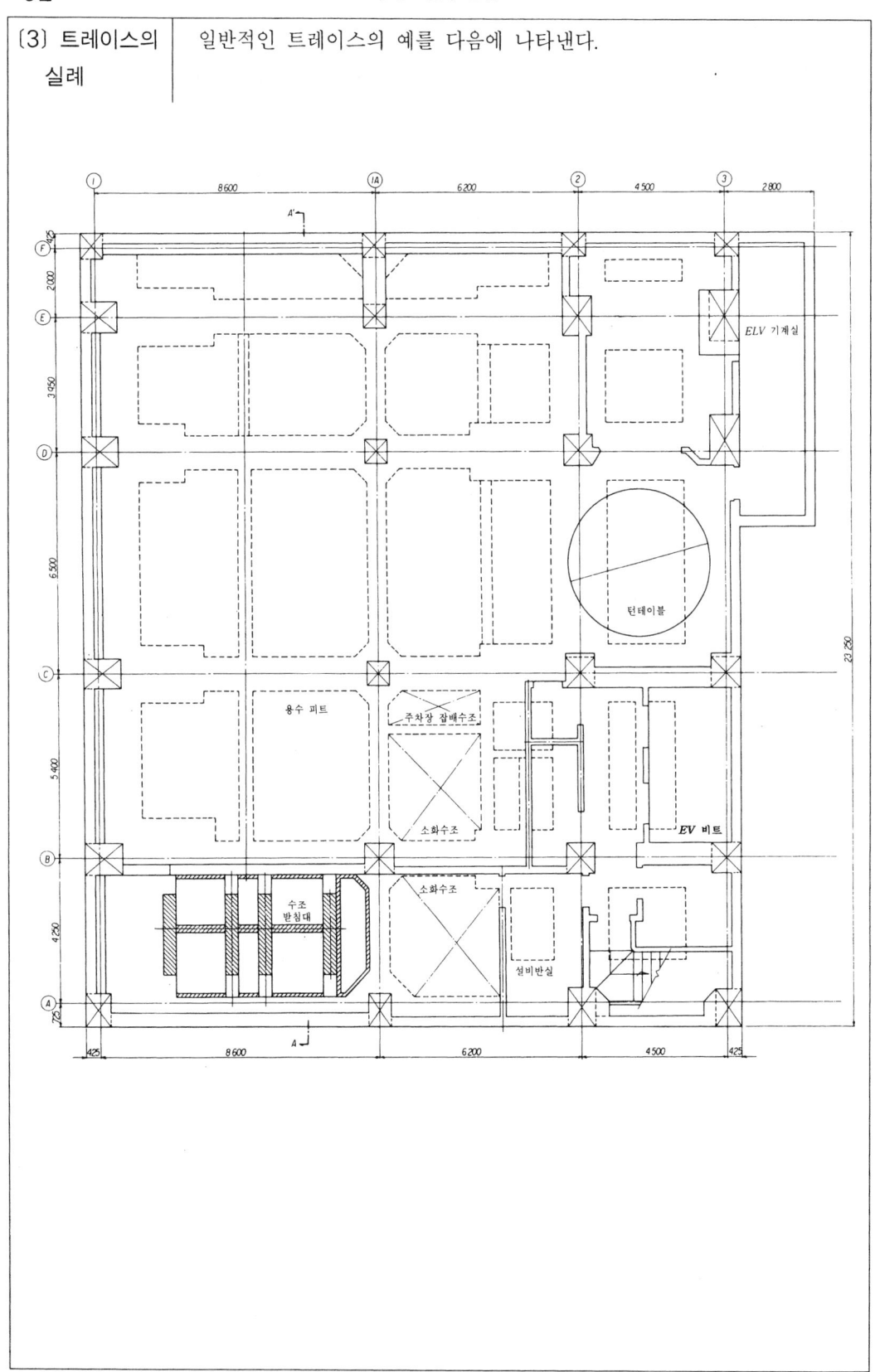

제6장 슬리브, 인서트도

6·1 작도 전에 준비할 사항

슬리브, 인서트도를 작성할 때는 배관도를 기초로 건축도 및 다른 설비와의 접속에 대해 충분히 검토할 필요가 있다. 작도할 때는 아래의 것을 준비한다.

[1] 건축 설계도 건축 기본 설계도, 구조도

[2] 건축 시공도 건축 골조도, 철골 제작도

위 도면이 아직 미완성인 시점에서 슬리브, 인서트도가 작성되는 경우가 있는데, 그때는 기본 설계도와 구조도를 기본으로 한다. 또 골조도는 사전에 트레이스를 해두면 좋지만, 제2 원도를 이용하는 경우도 있다.

[3] 설비도 설비 설계도, 배관 시공도

기본적으로는 타 업종과의 협의를 끝낸 배관 시공도를 기초로 슬리브, 인서트의 위치를 결정하여 작도한다.

또 철골 제작상 불가피하게 배관 시공도 작도 이전에 철골 슬리브를 결정해야 할 경우에는 설계도를 기초로 타 업종과 충분히 협의를 하고, 가급적 설비 복합도를 작성하여 슬리브의 위치를 결정한다.

[4] 기타 시방서, 시공 요령서

슬리브, 인서트에 관한 시방을 확인한다.

6·2 사전에 체크해서 확인해 둘 사항

[1] 슬리브 종류의 결정

슬리브 재질은 사용 장소 및 용도별로 표 6-1을 참고로 하여 적절한 것을 선택한다.

표 6-1 슬리브·박스의 종류

재질	슬리브명	일반벽	외벽	수조벽	기초보	일반보	일반바닥	방수바닥
종이제	둥근임시테	○			○	○	○	
	사각임시테	○						
철제	철관슬리브		○					
	철관 플랜지 붙임		○	○				○
	철판슬리브					○	○	
염화비닐제	염화비닐제		○		○			
목제	박스	○					○	
스티롤	박스	○					○	

[2] 슬리브 사이즈의 결정

슬리브의 사이즈는 표 6-2 및 그림 6-1을 참고로 결정한다.

표 6-2 슬리브 사이즈

관 지름	20	25	32	40	50	65	80	100	125	150	200
나관 외지름	27.2	34.0	42.7	48.6	60.5	76.3	89.1	114.3	139.8	165.2	216.3
슬리브지름	80	80	80	80	100	100	125	150	200	200	250
종이제 둥근테 외지름	81	81	81	81	107	107	132	158	210	210	260
철관 슬리브 내지름	80.7	80.7	80.7	80.7	105.3	105.3	130.8	155.2	204.7	204.7	254.2
피복 두께	20	20	20	20	20	20	20	25	25	25	25
피복관 슬리브 지름	80	100	100	100	125	125	150	200	200	250	300

| [3] 건축 구조에 따른 제약 조건의 확인 | 건축 구조와 시방서를 확인하고 당해 건물의 기준을 파악한다.

일반적인 기준을 그림 6-1, 표 6-3에 나타낸다. 또 마감상 기준값을 벗어나는 경우에는 건축 구조의 담당자와 사전에 협의하여 양해 하에 시공을 해야 한다. |

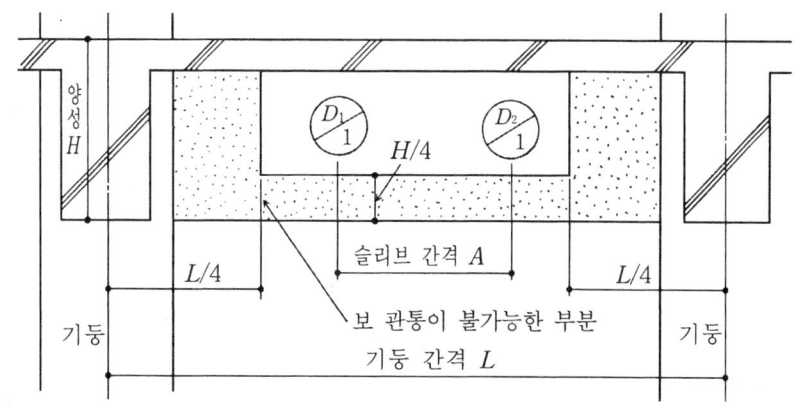

그림 6-1 보 관통 슬리브의 위치와 간격

표 6-3 보 관통 슬리브의 사이즈와 간격

	D_1, D_2가 큰 쪽	슬리브 간격 A $D=D_1$, D_2가 큰 쪽
RC조	$H/4$	$4D$
SRC조	$H/3$	$3D$
S조	$H/3$	$3D$

[주] 구조체를 보강하는 경우를 제외한다.

| [4] 인서트 종류의 결정 | 슬래브의 구조나 용도에 따라 그림 6-2를 참고하여 결정한다. |

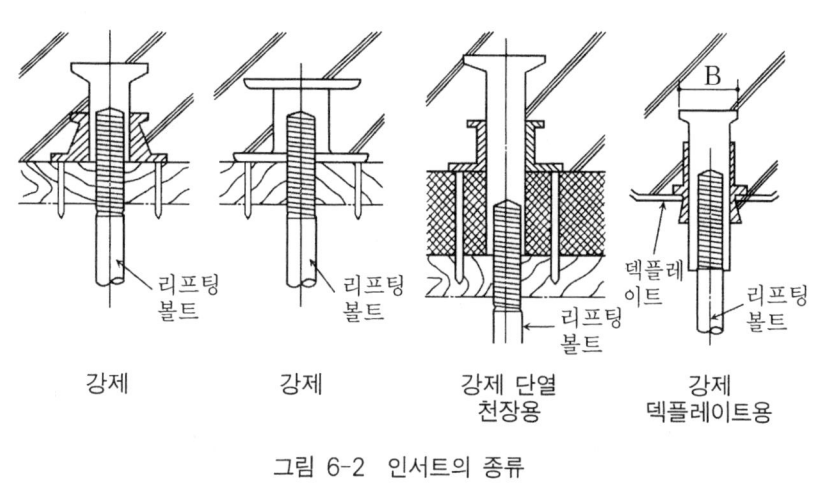

그림 6-2 인서트의 종류

[5] 인서트 간격 및 사이즈의 결정	인서트 간격, 사이즈는 시방서를 기초로 한 시공 요령서 등으로 사전에 결정해두는 것이 좋다. 표 6-4에 일반적인 수치를 나타낸다.

표 6-4 인서트 등의 선정표(강제 인서트)

(콘크리트 강도 180 kg/cm²)

관 사이즈 (mm)		15	20	25	32	40	50	65	80	100	125	150	200	250	300
관 중 량 (kg/m) (SGP+물+보온)		2.1	2.7	3.8	5.3	6.3	8.6	12.3	15.5	23	31	42	66	97	130
지지 간격 (m)	강 관	2.0								4.0					
	스테인리스 강관														
	동 관	1.0						2.0			3.0				
	비닐관	1.0					1.5				2.0				
리프팅 볼트, 인서트의 사이즈		9 mm(M-10, 3/8)								13 mm (M-12, 1/2)			16 mm (M-16, 5/8)		

[6] 기타	가. 기계실 등의 장소에 대해서는 공통 행거(hanger) 등을 고려한다. 나. 천장 행거, 벽 지지, 바닥 위 지지 등의 위치를 결정한다. 다. 수직관의 지지 방법에는 고정과 비고정(방진구 지지)이 있다.

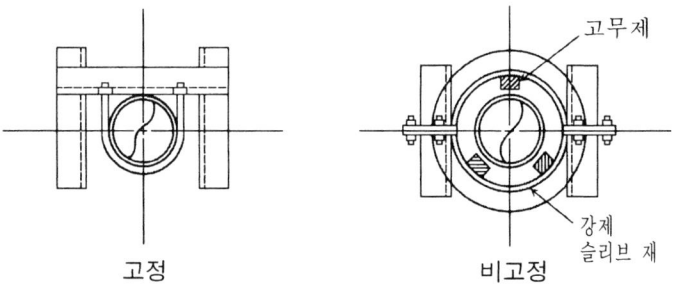

그림 6-3 바닥 고정의 예(평면)

라. 기기 등의 하중 때문에 인서트를 사용할 수 없을 경우에는 훅(hook)
이나 볼트를 **표 6-5**를 참고로 하여 매입한다(강도 계산에 의해 훅이
나 볼트를 선정할 것).

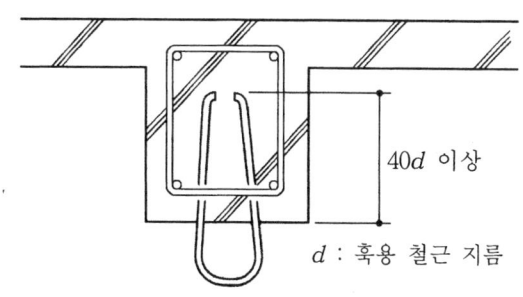

d : 훅용 철근 지름

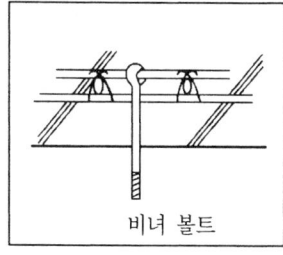
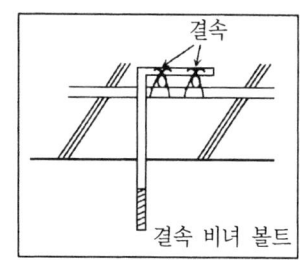

그림 6-4 콘크리트 매입 훅의 예

표 6-5 강 도

철근 지름 [mm]	9	13	16	20	25
하 중 [kg]	1100	2300	3600	5600	8800

6·3 표현할 내용과 표시 방법

〔1〕 슬리브의 표시 방법

a) 슬리브의 종류별 표시

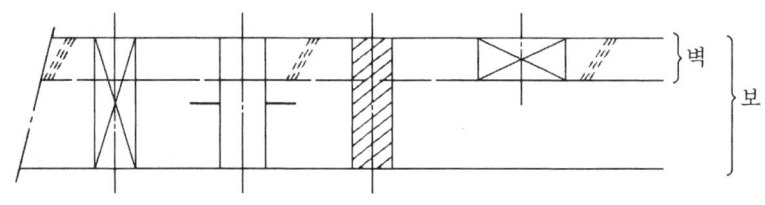

[종이제 둥근 슬리브] [철관 플랜지 붙임 둥근 슬리브] [경질 염화비닐] [목제 박스]

b) 사이즈와 높이의 표시

기본적인 높이

벽에 끼움	h=FL+슬리브의 중심까지 h=FL+박스의 하단까지
보에 끼움	h=FL−슬리브의 중심까지

c) 인접 치수의 표시

슬리브는 중심으로 기입한다.
박스는 면으로 기입한다.

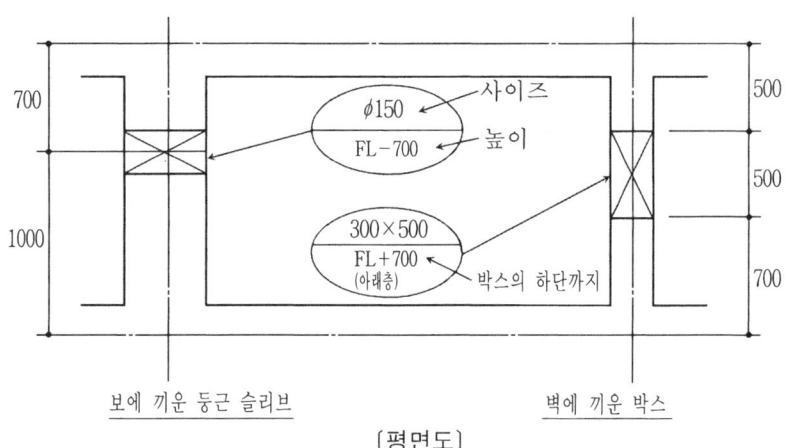

보에 끼운 둥근 슬리브   벽에 끼운 박스

〔평면도〕

d) 용도별 구분(복합도로 표현할 경우에는 아래와 같이 A, P, E의 기호로 용도를 구분한다)

위생 설비용	P	공조 설비용	A
건 축 용		전기 설비용	E

(2) 인서트의 표시 방법	a) 종류와 사이즈

a) 종류와 사이즈

가. 강제(鋼製) 인서트
　(덱 플레이트용과 같이)

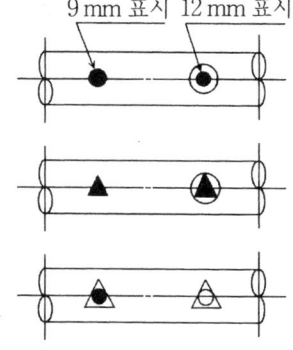

나. 플라스틱제 못 인서트

다. 단열 슬래브용 인서트

라. 매입(埋込) 볼트

단, 1종류인 경우에는 강제 인서트용 표시만으로 대체해도 좋다.

b) 용도별 구분

인서트도는 복잡하게 되므로 각 업종마다 작성하고, 위생·공조·전기·건축 등의 용도별 표시 구별은 하지 않고 현물을 선별하여 설치하는 방법이 이용되고 있다.

c) 인접 치수의 표시

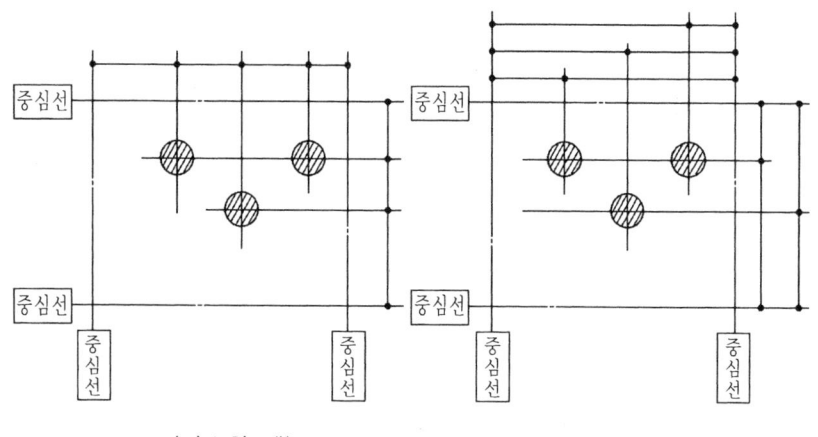

　　　　(간소한 예)　　　　　　　(복잡한 예)

인접 치수의 표시 예

[3] 기입 예

a) 굽은 부분

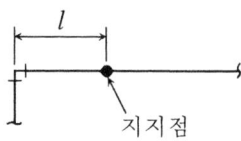

관 지름	최대 길이 l(mm)
25A 이하	500
32A 이상	800

(평면도)

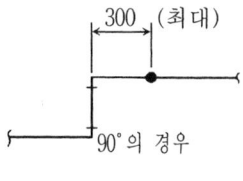 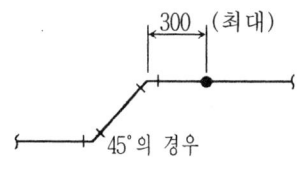

(입면도)

b) 밸브류 주변부

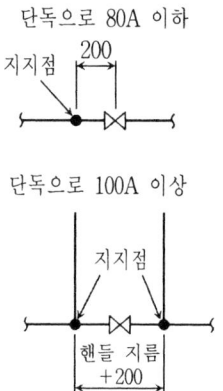 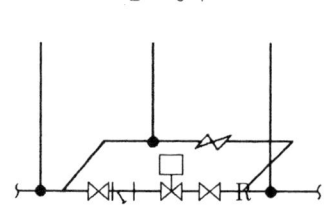

[주] 밸브의 핸들 조작에 지장이 없도록 한다.

c) 가요(可撓)성 접속부

강관＋주철제 메커니컬 이음을 사용하는 수평관은 이음 1개에 1개소 행거, 곧은 관 1m 이상은 받는 부분에서 1/4 이내, 2.6m 이상은 2개소 행거로 한다.

배수 주철관의 수평관은 곧은 관 및 이형(異形)관 각 1개에 대하여 1개소 행거, 이형관 끼리를 접속하는 경우는 이형관 2개에 1개소 지지로 한다.

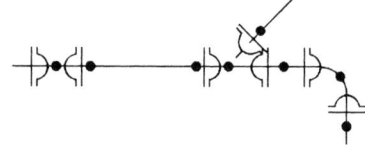 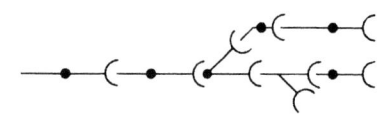

6·4 작도상의 유의 사항

[1] 슬리브, 인서트의 기입 방법

가. 건축 골조도를 트레이스한 것에 슬리브, 인서트의 위치를 기입한다.
나. 건축 골조도의 제2 원도에 슬리브, 인서트의 위치를 기입한다.
다. 배관 시공도에 슬리브, 인서트의 위치를 기입한다.
라. 배관 시공도의 제2 원도에 슬리브, 인서트의 위치를 기입한다.

일반적으로는 (라)를 이용하는 것이 편리하고 이해하기 쉽지만, 치수 기입이 복잡하게 되는 경우에는 (가) 또는 (나)로 작도하는 것이 좋다.

[2] 주의할 점

가. 플랜지 붙임 염화비닐 라이닝 강관인 경우에 있어서 플랜지 구경의 슬리브 사이즈에 개구 치수가 커져 구조상 문제가 있을 때는 분할 플랜지 등의 방법으로 처리하는 것을 고려한다.
나. 철근 콘크리트 보에 넣는 슬리브는 슬래브 위에서 손이 닿아 작업이 용이하도록 한다.
다. 덕트 아래 및 케이블 래크 하부 등의 배관 인서트는 사전에 체크하여 매다는 방법을 고려한다.
라. 기타의 검토 사항
  ① 예비 슬리브 및 예비 인서트
  ② 개구부 철근 보강(동양식 대변기의 바닥 관통용, 소화전의 벽 관통 등)
  ③ 배수관의 경상에 의한 슬리브 높이
  ④ 피복 두께에 의한 슬리브 사이즈
  ⑤ 무거운 물건용 훅(hook)의 강도와 형상

〔3〕 작도 예

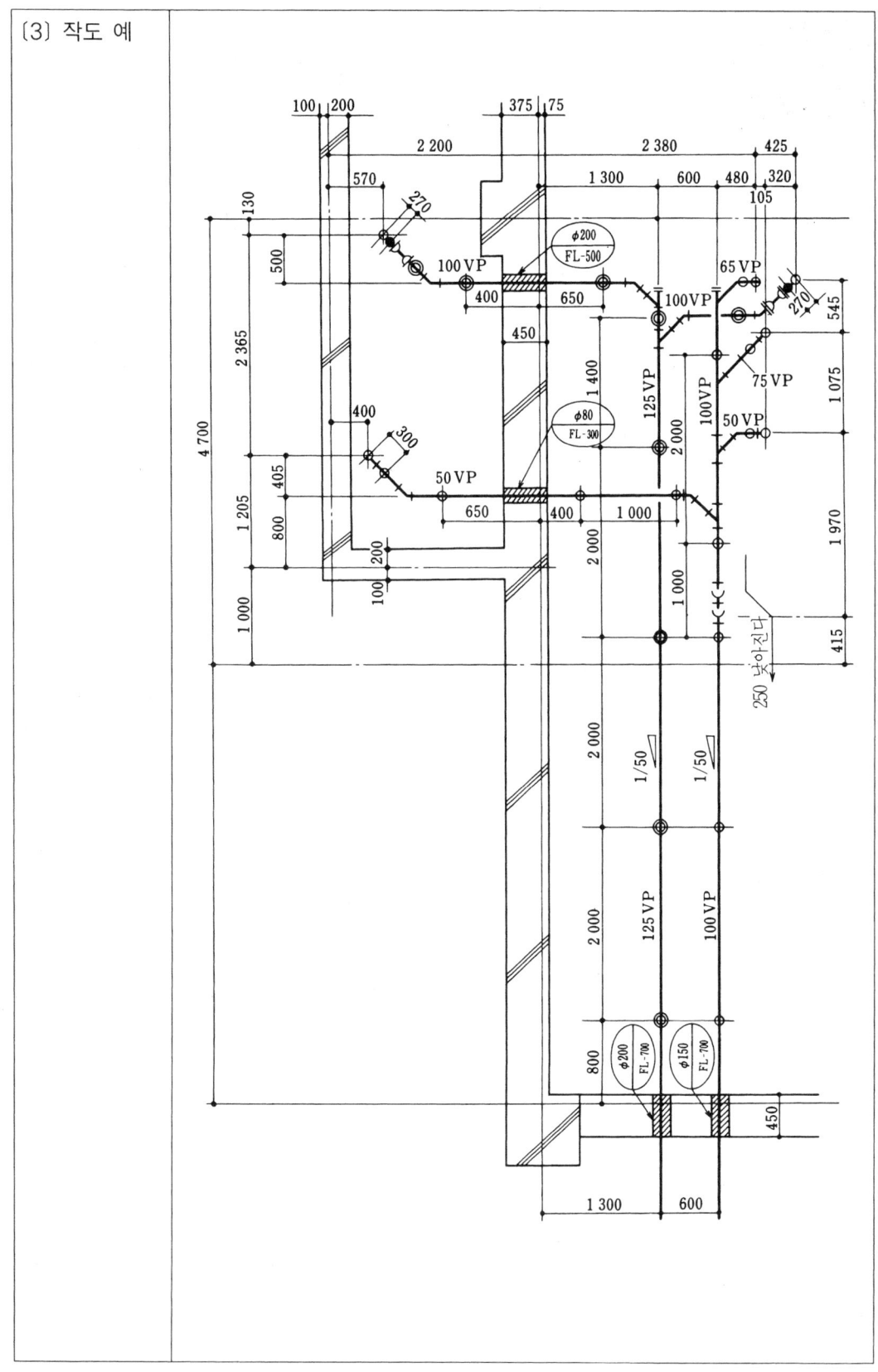

제7장 설비 복합도

7·1 목적과 종류

[1] 설비 복합도의 목적

건물 내의 필요한 설비 기기, 기구, 배관 및 건축물이 건축주와 설계자의 요구에 적당한 위치에 모두 균형적으로 배치되어 있는지 확인하기 위한 도면이다.

[2] 설비 복합도의 종류

설비 복합도에는 기구의 배치도, 기계의 배치도, 배관도가 있으며, 각각 평면도·전개도로 표현한다.

참고 예로서 다음의 그림을 든다.

a) 거실의 기구 복합도

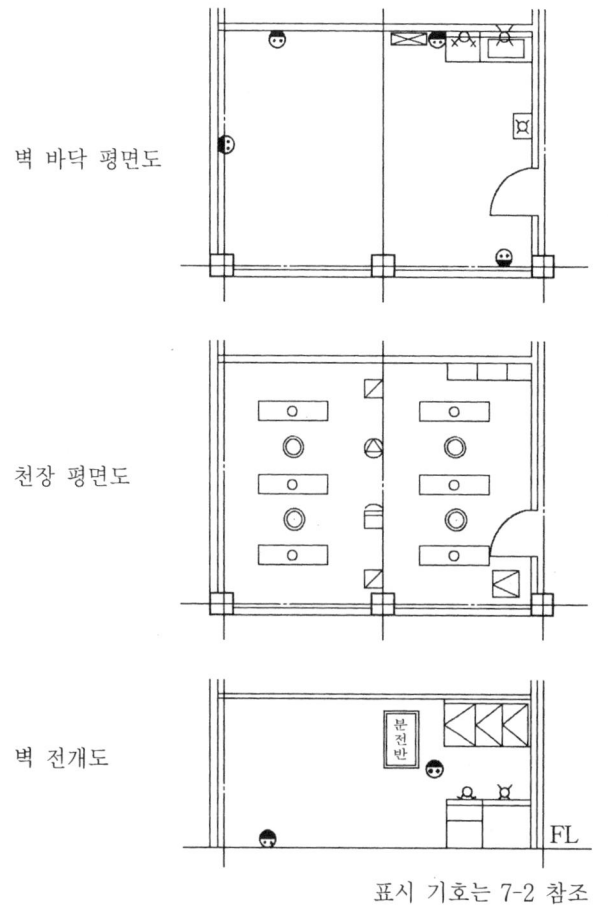

벽 바닥 평면도

천장 평면도

벽 전개도

표시 기호는 7-2 참조

b) **기기 배치도**

기계의 배치는 기기의 크기, 기초의 크기, 맨홀, 머신 해치, 배관, 밸브류의 위치 등을 보수·점검상의 동선을 고려하면서 작도한다.

또한 무거운 기기에 대한 바닥·보의 강도 검토가 필요하다.

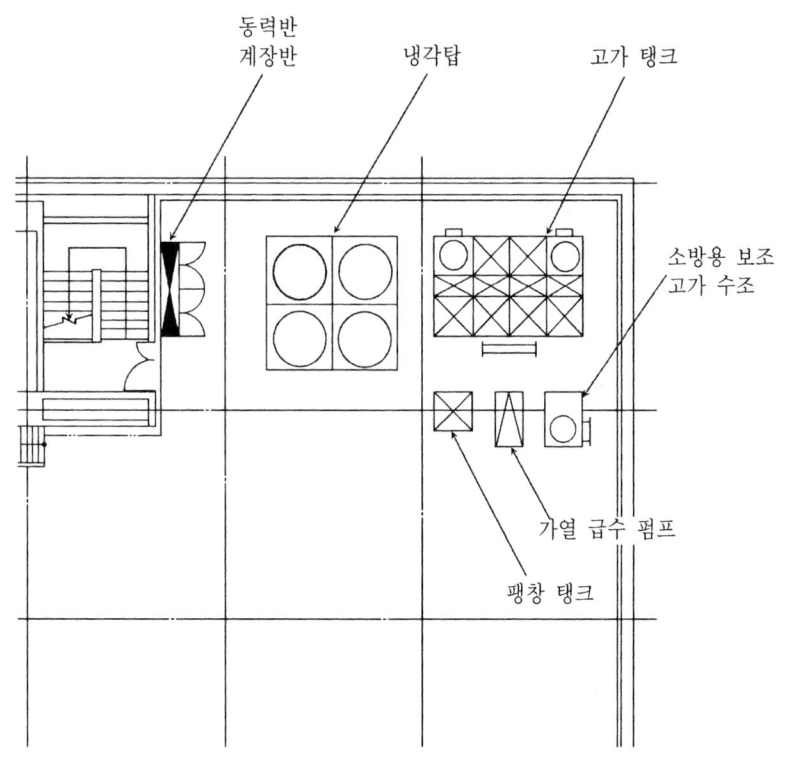

c) 배관 마무리 조정도

한정된 스페이스를 효과적으로 이용하여, 작업을 다시 하지 않고 노출부의 디자인을 품위 있게 하기 위하여 작성한다. 또한 타 업종의 모든 설비를 기입해 마무리를 종합적으로 조정하기 위하여 작성한다.

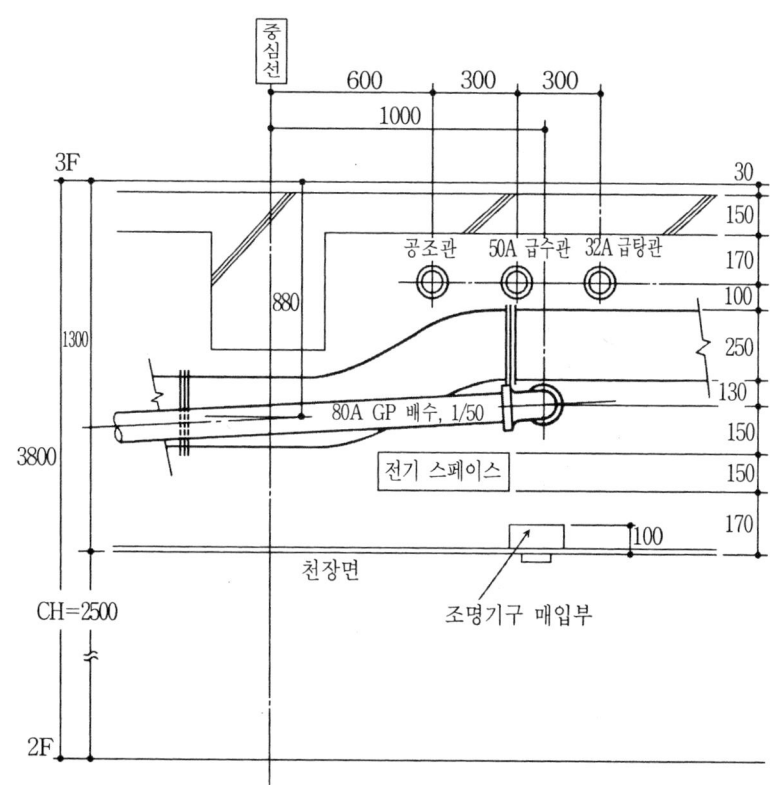

7·2 표시 방법

설비 복합도에 사용하는 일반적인 표시 기호를 나타낸다.

건 축		소화설비		전 기 설 비	
벽	콘크리트	소화설비	표시등	조명기구	천장 설치 형광등(매입)
	콘크리트 블록		사이렌		천장 설치 형광등(직접 붙임)
	경량 철골		스프링클러 헤드		벽 설치 형광등(매입)
	ALG 판, PC 판		해론 헤드, 벽붙이(◁)		벽 설치 형광등(직접 붙임)
창호	도어 체크		소화전 박스		천장 설치 백열등
	연기 감지기 연동		해론 가스 조작 박스		벽 설치 백열등
기타	천장 점검구		포(泡)소화 수동 기동 밸브		유도등, 통로 유도등
	소화기 두는 자리	공조설비			비상 조명
위 생 설 비		분출구·흡입구	분출구	기타	스위치, 리모콘 스위치 (●R)
수전	수 전		흡입구		콘센트
	탕 전		벽붙이 분출구		시계
	탕수혼합전		벽붙이 흡입구		스피커
기타	샤 위	창호	도어 루버		전화
	가스(2구)		언더 컷		전화용 아우트렛, 벽붙이
	바닥 위 청소구	배연	배연구	방재관계	연기 감지기, 매입
	바닥 배수 트랩		배연구 수동 개방 장치		정온식 스폿형 감지기
유입구	트랩받이	자동제어	서모스탯		비상 전화
	오수 유입구		휴미디스탯		방재반
	우수 유입구		온습도 센서	반(盤)	자동 제어반
	공공 유입구		CO_2 센서		배전반
			자동 제어반		동력 제어반

7·3 작도상의 유의 사항

가. 한 장의 도면에 건축·위생·공조·전기·기타 모든 설비를 표현하는 것이 바람직하다.

나. 설비 복합도는 보수·점검을 고려한 설비 기능을 중심으로 배치한다. 또한 노출이 되는 부분은 건축 의장에 주의할 필요가 있다.

다. 천장·벽·바닥 점검구에서의 출입을 방해하는 위치에 설비하지 말아야 한다.

라. 폭이 넓은 덕트의 상부 배관 메인티넌스 스페이스를 고려한다.

마. 천장 은폐부의 마감 조정도에는 타 설비의 매입형 기구의 천장 내 돌출부를 고려한다(예 : 다운 라이트 등).

제8장 기기의 배치와 스페이스

8·1 기기 배치 장소와 주요 설치 기기

[1] 기기의 배치

급배수 설비 기계실에는 아래 표에 제시한 기기가 설치된다. 이들의 기기는 급배수 설비의 중핵이며 그 건물의 급배수·소화 기능을 크게 좌우하는 중요한 것이다. 따라서 이것들을 수용하는 설비 기계실의 위치·스페이스·구조는 각 설비의 설치 목적·조건·기능·경제성을 충분히 가미하여 검토해야 한다.

배치 장소	주요 설치 기기
위생 기계실	바닥 위 수수 탱크·양수 펌프 저탕 탱크·배수 펌프 옥내 소화전 펌프 펌프 제어반
옥상·옥탑	고가 탱크·팽창 탱크 소방용 보조 고가(高架) 수조

[2] 기기 배치 상의 주의 사항

가. 운전 및 조작·보수·점검을 안전하고 쉽게 할 수 있다.
나. 기기 등을 옥외로부터 반입 또는 반출하는데 지장이 없다.
다. 전기실·컴퓨터실 등 전기 관련 여러 공간의 바로 위가 되지 않고 주방·욕실 등 다량의 물을 다루는 공간의 바로 밑이 되지 않도록 한다.
라. 파이프 샤프트에 인접되어 있거나 가깝다.
마. 먼지·오물·배수·부식성 가스 등의 영향을 받지 않는다.
바. 차후에 교환할 수 있도록 반출입 경로를 확보한다.

위의 사항을 포함하여 전반 사항에 대해서 제13장의 체크 리스트에 의해 확인을 해야 한다.

8·1 기기 배치 장소와 주요 설치 기기

〔3〕 기기 배치의 요점

a) 위생 기기실

위생 기기실에는 바닥 위 수수 탱크·양수 펌프·저탕 탱크·배수 펌프·소화 펌프·제어반 등을 배치한다.

이들 기기의 주변에는 조작·보수·점검을 위한 스페이스를 충분하게 잡는 것이 중요하다. 기계실에는 다른 설비(공조·전기 기타)도 있으므로, 시공도에서 충분한 협의를 해둘 필요가 있다. 또 음료용 수수 탱크는 수돗물에 있는 염소에 의해 전기반·펌프·배관·재료 등이 부식될 우려가 있으므로 실내의 환기 설비를 충분히 검토해야 한다.

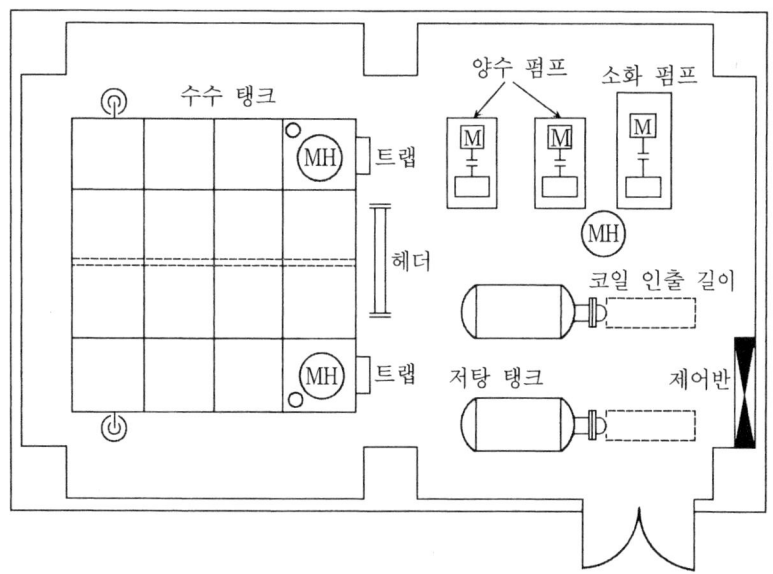

그림 8-1 위생 기계실의 기기 배치 예

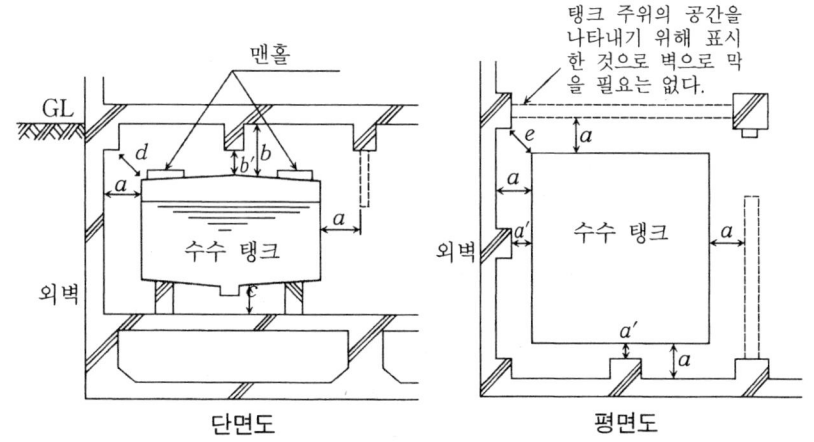

그림 8-2 음료수용 탱크를 건물 안에 설치하는 경우

그림 8-2에서 a, b, c 모두 보수·점검을 쉽게 할 수 있는 거리로 한다

(일본 건축기준법에서는 $a, c \geqq 60\,cm, b \geqq 100\,cm$).

또 보·기둥 등은 맨홀의 출입에 지장을 주는 위치로 해서는 안 되며 a', b', d, e는 보수·점검에 지장이 없는 거리로 한다.

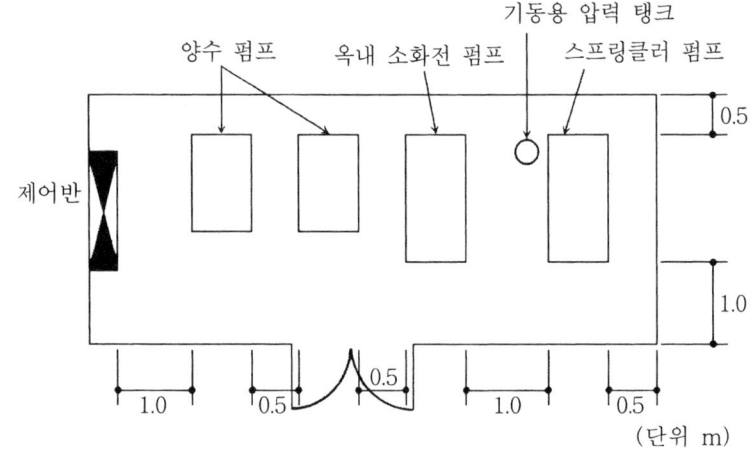

그림 8-3 양수·소화 펌프의 배치 스페이스 예

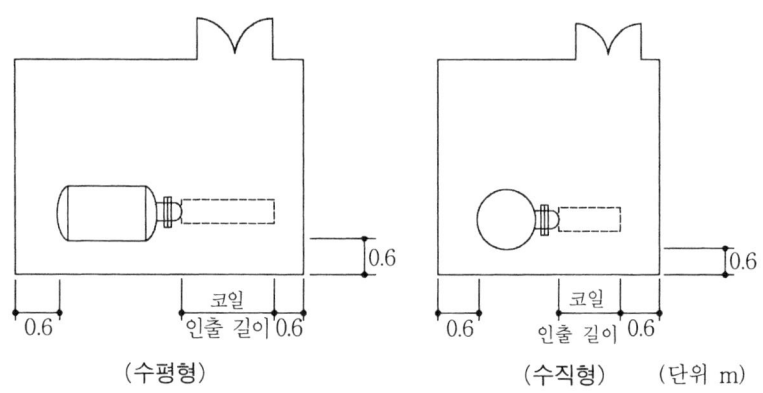

그림 8-4 저탕 탱크의 소요 스페이스 예

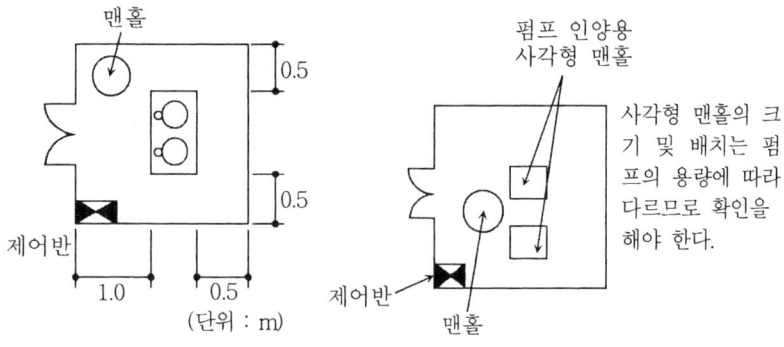

그림 8-5 수직형 배수 펌프의 소요 스페이스 예

그림 8-6 수중 배수 펌프(탈착형)의 소요 스페이스 예

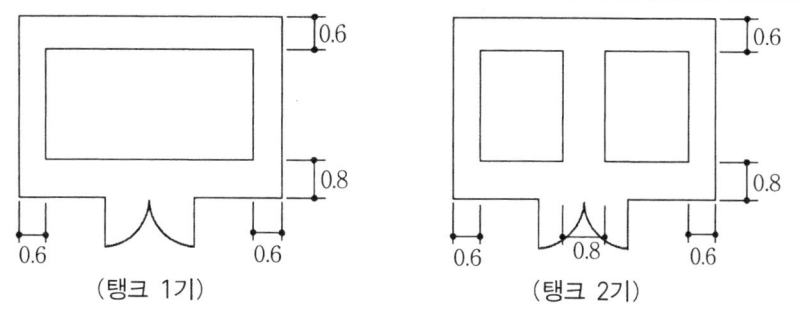

그림 8-7 수수 탱크의 소요 최소 스페이스 예(단위 m)

b) 옥상·옥탑

고가 탱크·소방용 보조 고가(高架) 수조·팽창 탱크는 건물의 최상부에 설치하며, 옥탑 기계실 등에 설치할 수 없는 경우에는 가대(架臺)를 만들고 그 위에 설치한다. 단, 이 경우 고가 탱크 주변에는 필요에 따라 보수용 발판과 난간을 설치한다. 또한 이 건물 최상층의 대변기, 소변기용 세정 밸브, 또는 샤워 등의 최소 만족 수두, 즉 수압 정수두(靜水頭) 7 m를 확보해야 한다.

또 옥상에 설치되는 소방용 보조 고가(高架) 수조 등에는 원칙으로 자연 유하(流下)에 의한 급수로 한다.

한랭지·적설지에서는 탱크 및 펌프류는 반드시 동결·내설(耐雪) 대책을 고려한다.

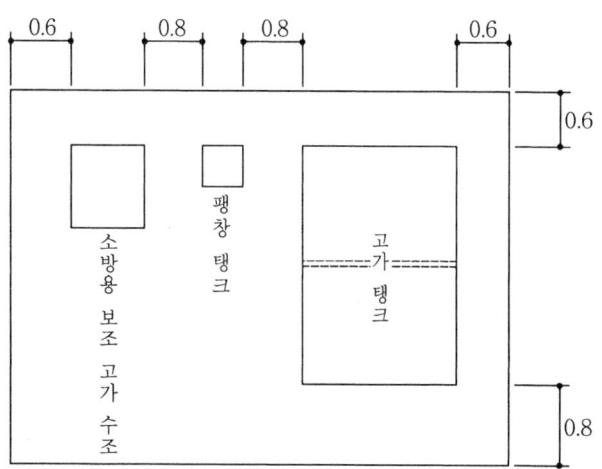

그림 8-8 옥탑 수조 배치 예(단위 m)

제9장 파이프 샤프트의 배관 배치

9·1 파이프 샤프트의 종류와 배관 배치

[1] 샤프트의 종류

샤프트는 급배수·소화·가스관 등 하층부터 최상층까지의 주요 설비 배관을 설치하는 메인 샤프트와, 여기서 갈라지는 분기관을 설치하는 서브 샤프트로 구분된다. 참고 예를 아래 그림에 나타낸다.

a) 메인 샤프트

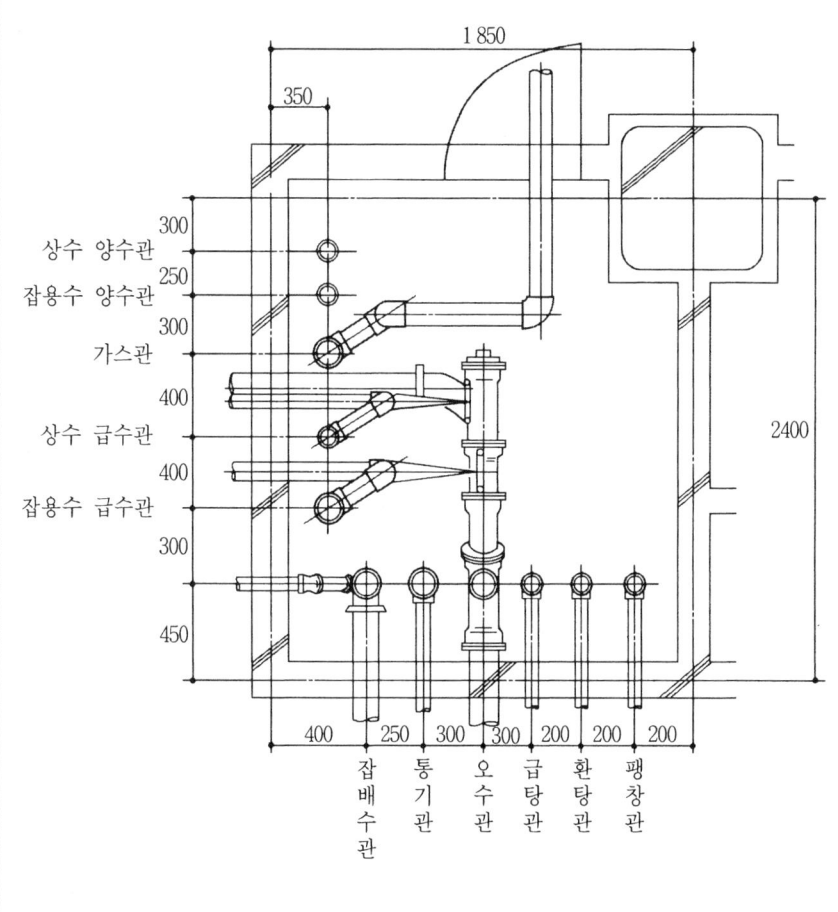

b) 서브 샤프트

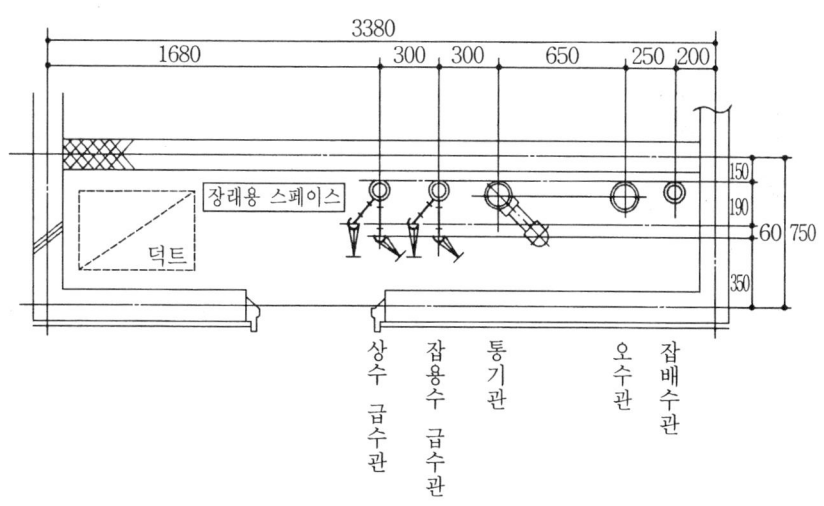

|〔2〕 배관 배치의 조건|

가. 좁은 스페이스에 배관·덕트 등이 들어가므로 정연하게 배치하고, 낭비되는 부분을 만들지 않도록 충분히 배려한다.

나. 동력반·자동 계장반 등이 들어가는 경우에는 문의 개폐 스페이스를 확보한다.

다. 밸브·감압 밸브·양수기·가스 미터가 들어가는 경우에는 후에 조정·보수·교환을 할 수 있는 점검 스페이스를 확보한다.

라. 수직관에서의 분기관을 달아내는 방향을 생각해서 배수관을 우선적으로 배치한다.

마. 수직관의 관 종류에 따른 접합 방법과 배관 시공 후의 보온 작업 스페이스를 고려하여 관과 관의 간격을 결정한다.

바. 수직관의 지지 방법은 고정 지지를 공유할 경우 관의 면을 맞춰 배관한다(시공도에는 배관 지지 방법을 명기하거나, 해당란 밖에 표시한다).

사. 구조체의 타설 후에 배관 공사를 하기 때문에, 관류의 반입·관의 접합, 보온 등을 할 수 있도록 검토한다.

아. 밸브류를 전개(全開)한 치수로 표시한다.

자. 차후 사용할 예비 스페이스를 고려하여 배치한다.

제 10 장 배 관

10·1 확인·주의 사항

[1] 작도 전의 확인·주의 사항

배관도를 작도하기 전에 확인, 주의할 사항을 다음 플로에 나타낸다.

〔작업 항목〕　　　　　〔검토 확인 내용〕

설계도 시방서의 확인

관련 도면 등의 수집
- 1. 기기 제작도
- 2. 기구류의 카탈로그
  밸브류, 위생 도기, 열탕기, 이음
- 3. 다른 관련 도면

시공 요령서
- 1. 용도와 유체의 종류
- 2. 관 종류
- 3. 사용하는 이음, 접합 방법
- 4. 배관의 지지 방법
- 5. 밸브, 장치류의 설치 위치
- 6. 보온 재료와 보온 두께

배관 경로의 검토
- 1. 배관을 통할 수 없는 실
  (전기실, 엘리베이터 기계실, 전기용 샤프트, 오일 탱크실, 중앙 감시실, 컴퓨터 관련 실, 방재 센터 등)
- 2. 보수, 보전 방법
- 3. 최단 거리가 되는 경로

타 설비와의 조정
- 1. 우선 배관
  (배수관, 경사가 필요한 배관, 법적인 규제가 있는 배관 등)
- 2. 마무리 조정

설비 복합도

1.7장 참조

기능, 의장면의 검토
- 1. 관의 열팽창에 의한 신축량 계산과 그 대책
- 2. 배관의 하중량과 지지점
- 3. 물매를 잡는 방법, 공기 빼기의 위치
- 4. 배관이 노출되는 장소

작 도
- 1. 시공도 작성 계획서
  (시공도 리스트)의 작성
- 2. 작도 내용의 통일
  (복수로 작성하는 경우)

배 관 도

[2] 관내 유체와 관 종류

통상은 설계 시방으로 지정되지만, 아래에 일반적으로 사용되는 관 종류와 유체를 나타낸다.

관내 유체		관 종류 (호칭)	급수주철관	염화비닐강라이닝관(백)	염화비닐강라이닝관(흑)	폴리에틸렌분체라이닝강관	나일론코팅강관	경질염화비닐관	경수도용내충격성경질염화비닐관	스테인리스관	동관	피복동관
		사용 구분 / 기호 예	CIP	VLP	VLP	FLP	NLP	VP	HIVP	SUS	CUP	CUP
급수	상수	시수인입관	○	○		○		○	○	○		
		양수관		○		○		○	○	○		
		급수관		○		○		○	○	○	○	○
	중수	양수관		○		○		○	○	○		
		급수관		○		○		○	○	○		
급탕		급·환탕관								○	○	○
		팽창관								○	○	
		에어배출관								○	○	

관내 유체		관 종류 (호칭)	배관용탄소강강관(백)	탈에폭시도장강관	배수용염화비닐라이닝강관	특수코팅강관	배수용주철관	경질염화비닐관	배수용납관	흄관
		사용 구분 / 기호 예	GP	ELP	DVLP	CIP	VP	LP	HP	
배수		오수배수관		○	○	○	○			
		잡배수관	○	○	○	○	○			
		주방배수관		○	○	○	○			
		우수배수관	○							
		피트내 배수관	○	○	○	○	○			
		수조 오버플로관	○				○			
		통기관	○	○			○			
		옥외배수관					○		○	
	펌프 업관	오수관	○	○		○				
		잡배수관	○	○		○				
		용수관	○							

흙 속의 매설 또는 습윤 환경에서 배관할 때에는 내외면 경질 염화비닐 라이닝 강관 또는 내외면 폴리에틸렌 분체 라이닝 강관을 사용하는 것이 바람직하다.

관 종류의 규격과 기호

관 종류	규격	기호 예
수도용 아연 도금 강관	JIS G 3442	GP
배관용 탄소강 강관	JIS G 3452	SGP
경질 염화비닐 라이닝 강관	JWWA K 116	VLP
폴리에틸렌 분체 라이닝 강관	JWWA K 132	FLP
덕타일 주철관	JIS G 5526	CIP
수도용 덕타일 주철관	JWWA G 113	CIP
메커니컬형 배수용 주철관	HASS 210	CIP
배수용 주철관	JIS G 5525	CIP
동 및 동합금 이음매 없는 관	JIS H 3300	CUP
수도용 동관	JWWA H 101	CUP
배수용 납관	HASS 203	LP
경질 염화비닐관	JIS K 6741	VP
수도용 경질 염화비닐관	JIS K 6742	VP
수도용 내충격성 경질 염화비닐관	JWWA K118	HIVP
원심력 철근 콘크리트관	JIS A 5303	HP
일반배관용 스테인리스강 강관	JIS G 3448	SUS
수도용 스테인리스강 강관	JWWA G 115	SUS

[규격] JIS : 일본 공업규격
      JWWA : 일본 수도협회 규격
      HASS : 공기조화·위생학회 규격

〔3〕 이음의 종류와 사용 구분

이음의 선정에 있어서는 개개 이음의 특성을 고려해서 사용 구분과 관 종류에 합치되는 것을 사용한다.

사용 구분 \ 이음 종류(호칭)	나사끼움식 가단주철(백)이음	나니사끼움식(드레이)배수관이음	염화비닐 플랜지형 이음	나사끼움 코팅이음	맞대기 용접식 이음	일반배관용 강제관가요 이음	배수강관용 이음	동관이음	비닐관이음	주철이형관	스테인리스이음
시 수 인 입 관			○	○					○	○(급수용)	○
급 수 관·양 수 관			○	○		○(급수용)					○
급 탕 관								○			○
오수·주방배수 주관					○				○	○(배수용)	
잡배수·통기·우수 펌프업관	○	○	○	○							
오수 펌프업관		○									
유 닛 배 관	○	○	○	○		○	○	○			○
주방배수분기관		○					○	○			
수조오버플로관	○						○	○			

경질 염화비닐 라이닝 강관 및 폴리에틸렌 분체 라이닝 강관으로 나사를 접합할 경우, 이음은 관 끝 부식 방지의 이음이 바람직하다.

[4] 관의 구배	유체에 따라 적정한 구배가 있게 한다. 일반적으로 사용되고 있는 구배를 다음에 나타낸다.

배관 명칭	구 배	원칙적인 구배 방향
급 수 배 관	1/100~1/200	상수도 직결 방식 : 인입 미터로부터 끝 올림 구배 옥상 탱크 방식 : 옥상 탱크로부터 끝 내림 구배 압력 탱크 방식 : 압력 탱크로부터 끝 내림 구배
옥내잡배수배관	1/50~1/100	수평관은 내림 수직관을 향해서 끝 내림 구배
옥 내 오 수 배 관	1/75~1/100	
옥외잡배수배관	1/50~1/200	하수 본관을 향해서 내림 구배 (하수도 조례로 결정되어 있는 지구 있음)
옥 외 오 수 배 관	1/100~1/200	
급 탕 배 관	1/100~1/200	공급관 : 저탕 탱크 또는 보일러로부터 끝 올림 구배 귀환관 : 저탕 탱크 또는 보일러를 향해서 끝 내림 구배
소 화 배 관	1/100~1/150	소화 펌프로부터 끝 올림 구배
통 기 배 관	1/100~1/150	수평관은 올림 수직관을 향해 끝 올림 구배
가 스 배 관	1/100	인입 미터로부터 끝 올림 구배

특히 급탕관은 공기가 차는 곳이 있으면 관의 부식 등에 영향을 미치므로 부득이한 경우에는 자동 공기 빼기 밸브, 기수 분리기 등을 설치한다.

배수 횡관의 최소 구배
(HASS 206-1982)

관 경 [mm]	최소 구배
65 이하	1/50
75, 100	1/100
125	1/150
150 이상	1/200

[5] 배관의 간격

콘크리트 면과 배관의 간격 및 다수의 관이 평행하게 배관될 경우, 간격은 차후 관의 보수가 가능하고 동시에 단열 시공을 할 수 있는 스페이스를 확보한다.

배관 간격의 최소 간격을 다음에 나타낸다(단, 플랜지는 포함되어 있지 않다).

호칭 지름	벽	20	25	32	40	50	65	80	100	125	150	200	250	300
20	85	120	25											
25	85	120	120	32										
32	90	125	125	130	40									
40	95	130	130	135	140	50								
50	100	135	135	140	145	150	65							
65	110	145	145	150	155	160	170	80						
80	140	175	175	180	185	190	200	205	100					
100	160	195	195	200	205	210	220	225	245	125				
125	170	205	205	210	215	220	230	235	250	265	150			
150	210	245	245	250	255	260	270	275	290	305	320	200		
200	235	270	270	275	280	285	295	300	315	330	345	370	250	
250	260	295	295	300	305	310	320	325	340	355	370	395	420	300
300	285	320	320	325	330	335	345	350	365	380	395	420	445	470

1) 보온 두께는, 10 A~80 A는 20 mm, 100 A~300 A는 25 mm로 하여 계산.
2) 관의 보온 외면 간 「틈새」는, 20 A~65 A는 50 mm, 80 A~125 A는 75 mm, 150 A~300 A는 100 mm로 하여 계산.
3) 인접하는 관 지름이 다른 경우에는 큰 쪽의 관 지름으로 「틈새」를 결정.

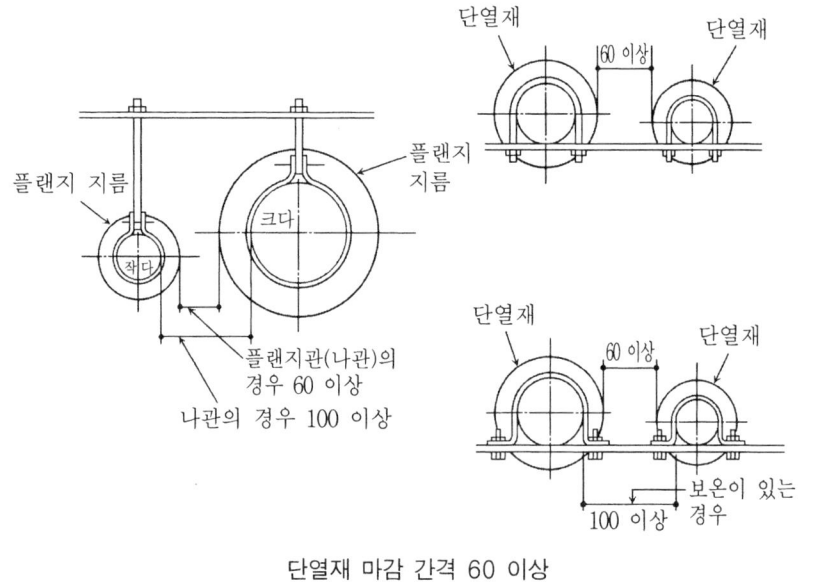

단열재 마감 간격 60 이상

10·2 배관의 표시

〔1〕 배관의 종별

배관의 종별과 표시 기호의 일반적인 예를 다음에 나타낸다.

종 별	표시 기호	비 고
상수 급수관	———·———	양수관 함께
잡용 급수관	———··———	양수관 함께
급탕 공급관	——I——	
급탕 귀환관	——II——	
팽창관	—E—	
공기 빼기관	----A----	
가스관	—G—	
배수관	———	VP, LP 함께
배수용 주철관	—)—	
옥외 배수관 (흄 관)	===	
통기관	--------	
옥내 소화전관	—X—	
연결 송수관	—XS—	

[2] 이음류의 표시

이음에는 크게 분류하여 「나사끼우기」와 「용접」이 있는데, 표시 방법을 다음에 나타낸다.

이 음	나사끼우기	용 접
90° 엘보		
45° 엘보		
T 이음		
플랜지		
유니언		
블랭크 플랜지		
캡	「캡 고정」이라고 문자로 기입한다.	
플러그	「플러그 고정」이라고 문자로 기입한다.	
리듀서		

위생용 배관에는 「밀어끼우기」형 이음이 많이 있으며, 기본적으로는 「나사끼우기」표시로 한다.

또 배수 이음으로서 TY 이음, Y 이음이 있는데 아래 그림으로 나타낸다.

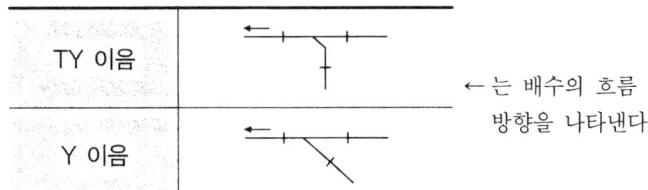

←는 배수의 흐름 방향을 나타낸다.

[3] 단선·복선의 구분

가. 축척 및 배관 치수에 의한 단선·복선의 사용 구분을 다음에 나타낸다.

축 척	단 선	복 선
1/200	모든 치수	—
1/100	150A 이하	200A 이상
1/50	50A 이하	65A 이상
1/10~1/20	25A 이하	32A 이상

10·2 배관의 표시

나. 배수관 접합부의 단선·복선의 표시를 다음에 나타낸다.

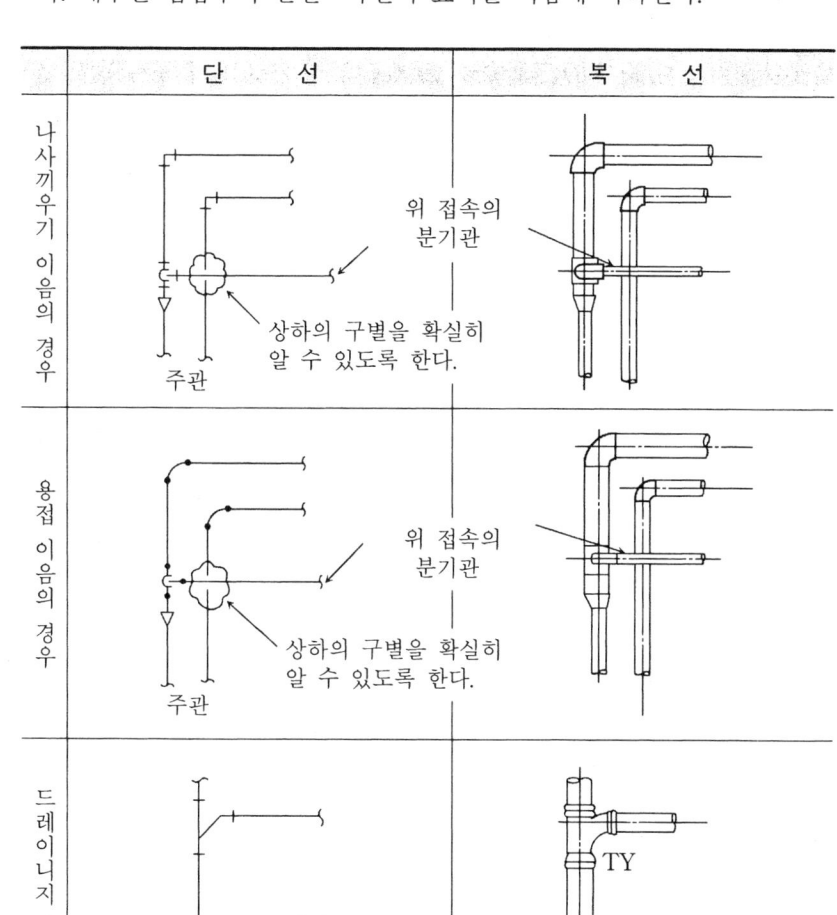

	단 선	복 선
나사끼우기 이음의 경우		
용접 이음의 경우		
드레이니지 이음의 경우		

〔4〕 배관의 올림·내림

배관의 평면과 단면에 대한 올림·내림의 관계를 다음에 나타낸다.

	수직 올림·수직 내림	분기 위 접속	분기 아래 접속
평면도			
단면도			

[5] 천장 배관과 바닥 밑 배관

일반적으로 천장 배관과 바닥 밑 배관의 구분은 그 설비 배관의 주(主)가 되는 층을 선택하여 상·하층의 목적에 맞춰 한 장의 도면으로 표현하며 종(從)이 되는 배관에 천장 또는 바닥 밑 배관을 표시한다.

예를 들어 화장실·열탕실 등 상세도를 작도할 경우에는 위생 기구의 배관이 목적이기 때문에 그 실의 평면도에 천장, 바닥 밑 배관을 한 장의 도면으로 표현한다. 또 샤프트 위치의 이동 등 주 배관을 표현할 경우에는 그 전개하는 층의 건축도를 기초로 천장 배관도로서 작도한다.

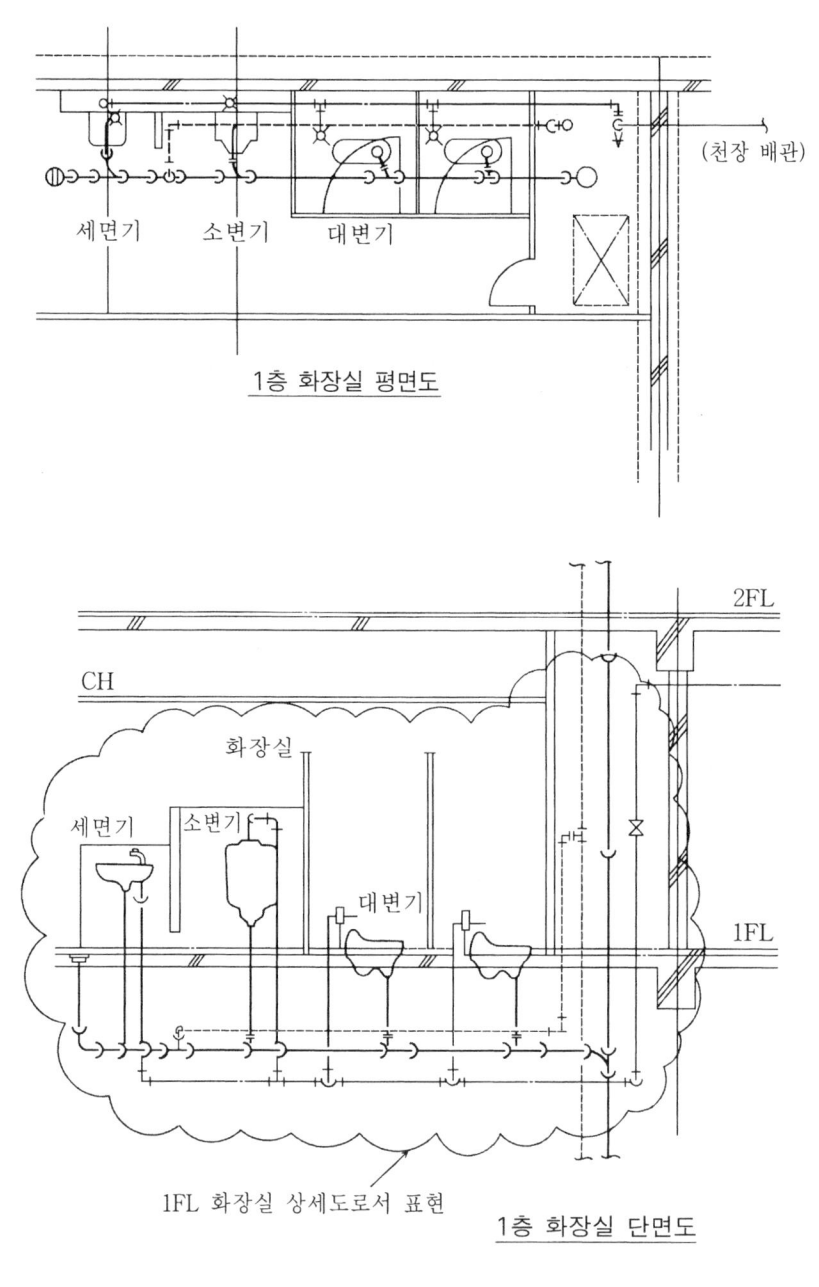

10·3 밸브류의 표시

[1] 밸브류의 종별

밸브류 등의 종별과 표시 기호의 일반적 예를 다음에 나타낸다.

종 별	표시 기호	비 고
게 이 트 밸 브	⋈GV	슬루스 밸브
스 톱 밸 브	⋈SV	글러브 밸브
버 터 플 라 이 밸 브	⋈BV	
체 크 밸 브	▷	역지 밸브
Y 형 스 트 레 이 너	▶	
감 압 밸 브	[R]	일차측·이차측의 압력값 기입
안전 밸브·릴리프 밸브	⋈ ⋈	
전 자 밸 브	Ⓢ	
온 도 조 절 밸 브	[T]	
자 동 공 기 빼 기 밸 브	ⵎAV	
벨 로 즈 형 신 축 이 음	─▭S─	S : 단식
벨 로 즈 형 신 축 이 음	─▭D─	D : 복식
루 프 형 신 축 이 음	─⌒─	
플 렉 시 블 이 음	⊘	구형(球形) 고무제
플 렉 시 블 이 음	─▤─	금속제
온 도 계	Ⓣ	
압 력 계	⌀	
수 고 계	⌀W	
연 성 계	⌀C	
정 수 위 밸 브	[F]	
푸 트 밸 브	△	

〔2〕 밸브류의 기입 방법

밸브류의 도시 방법과 기입상의 요점을 다음에 나타낸다.

a) 게이트 밸브, 스톱 밸브

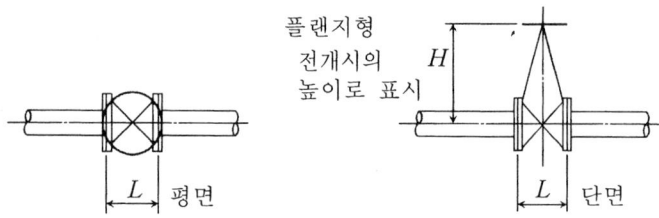

가. 핸들 방향을 확실하게 표시한다.
나. L, H 모두 정확하게 기입하지만 치수 표시는 불필요하다(다음의 b), c)도 동일하다).
다. 비틀어끼우기형은 플랜지선이 없을 뿐이며 다른 사항은 동일하다.

b) 체크 밸브

상기와 동일하지만, 유체의 흐름 방향을 명기한다.

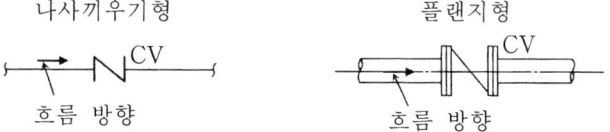

c) Y형 스트레이너

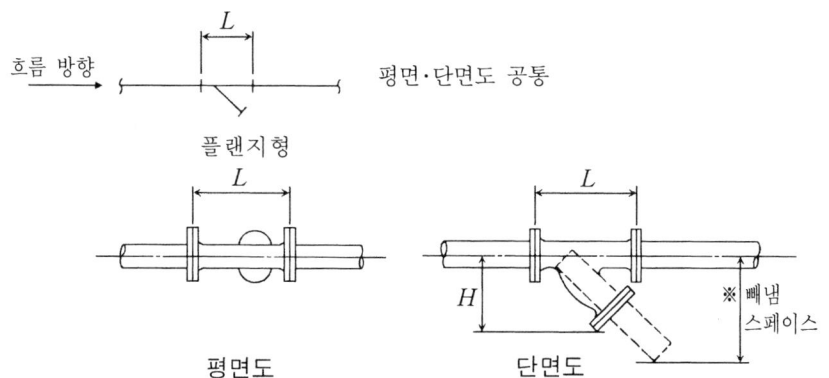

d) 감압 밸브

반드시 밸브 부근에 압력값(일차측→이차측)을 기입한다.

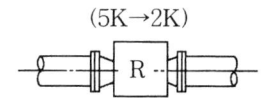

e) 수직관에 설치하는 밸브

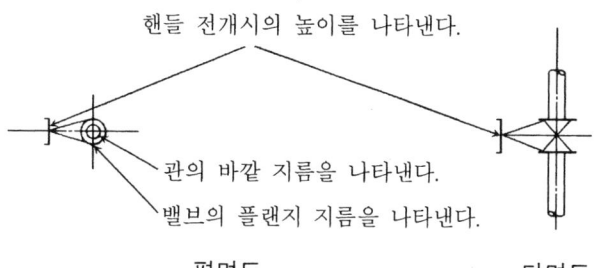

평면도   단면도

[3] 밸브 장치의 기입 방법

아래 그림에 나타낸 것처럼, 장치의 조립 치수(플랜지 사이)를 계산하여 플랜지부와 밸브 본체만을 기입한다. 바이패스관은 단선으로 그리며 W 치수만 표시한다. 단, 이 표시는 축척 1/50, 1/100에 적용한다.

장치의 조립 치수도

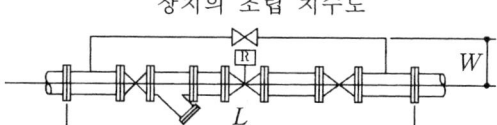

[4] 밸브의 설치 높이

밸브의 설치 높이는 보수 담당자가 쉽게 조작할 수 있도록 하는 것이 바람직하다. 조작상 편리한 밸브 높이는 1500 mm 전후가 좋다.

또 미관상으로도 기기 주변에 여러 개의 밸브가 있을 경우에는 밸브끼리의 높이를 같게 하는 것이 바람직하다.

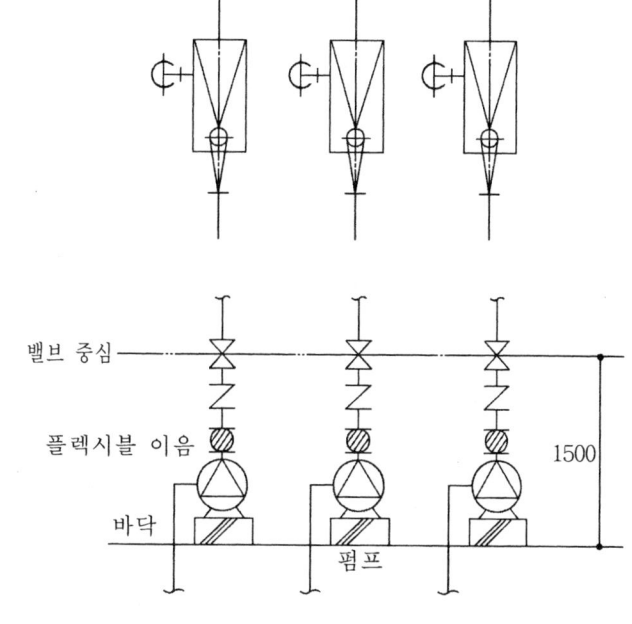

10·4 배관 치수의 기입 방법

[1] 수평 설치 배관

수평 설치 배관의 치수 표시 예를 다음에 나타낸다.

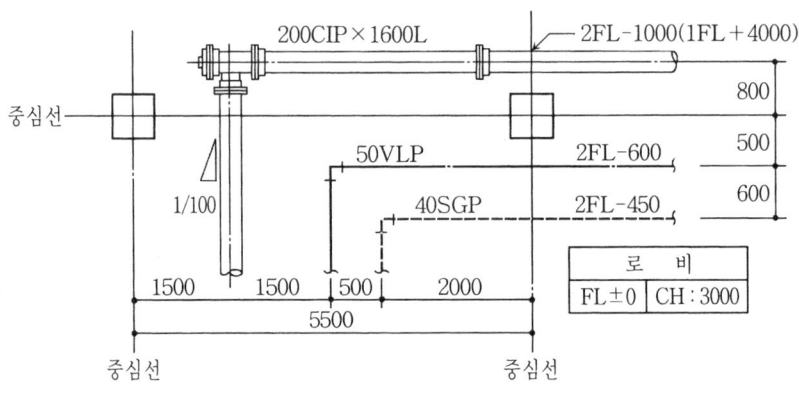

기입상의 요점

치수나 높이의 표시는 위 그림 이외에 다음과 같은 방법도 있다.

가. 다수의 배관으로 간격이 좁을 경우, 지시선을 사용하여 기입한다.

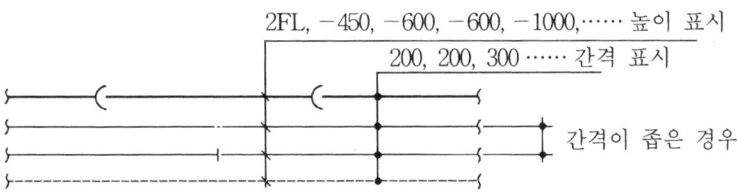

나. 높이 치수의 표시는 원칙적으로 상부 FL부터 관 중심까지의 높이를 기입한다. 필요에 따라 하부 FL부터의 높이도 기입해 둔다.

또한 모든 실이 FL±0이 아니므로, 실명의 아래에 바닥 레벨을 기입한다. 또 슬리브를 끼울 때 등 상부로부터 치수를 잡아야 하기 때문에 상부 슬래브 위 바닥 및 슬래브 두께를 기입한다.

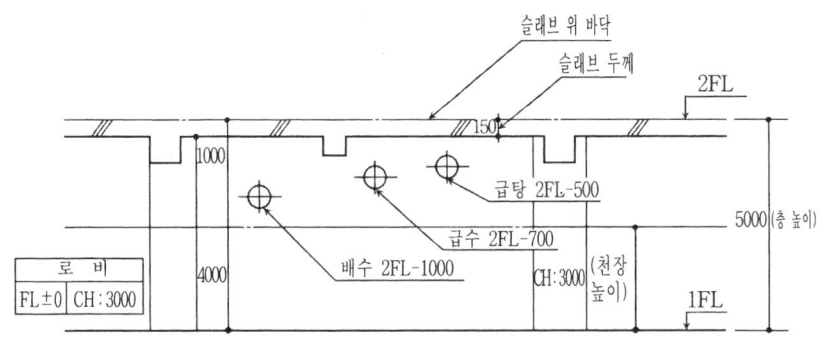

	다. 배수관과 마찬가지로 구배가 있는 배관은 관통부나 중심선과의 교차 부분의 포인트마다 높이 치수를 기입한다. 라. 단선의 경우 관 종류는 선에 의해 분류하지만, 복선인 경우에는 관 지름과 함께 종류를 표시한다. 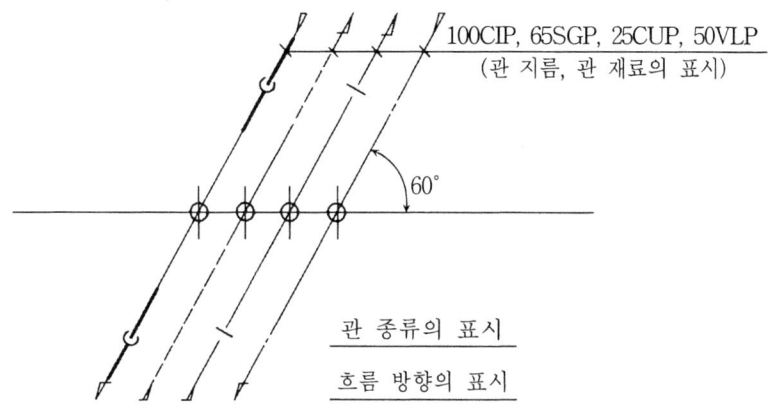 마. 위생 배관은 관 재료가 여러 종류이기 때문에 관 지름 표시와 함께 관 재료 기호를 표시한다.
(2) 수직관	가. 수직관 치수의 표시를 다음에 나타낸다. 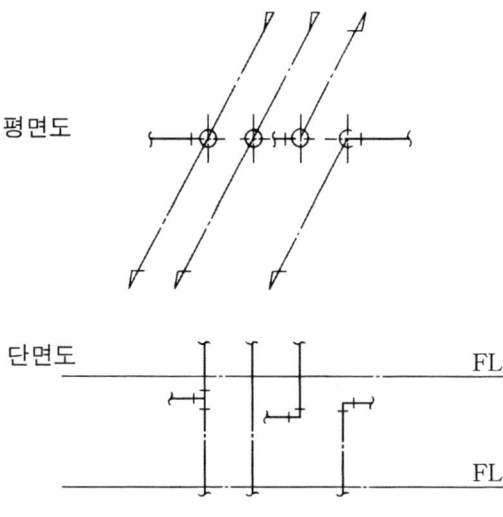 나. 평면과 단면에서의 올림·내림의 관계를 다음에 나타낸다.

10·5 위생 기구 주변의 배관

[1] 사용하는 도구

위생 기구를 도면상에 기입할 경우에는 형판(기성품)을 사용한다(1/100, 1/50, 1/30, 1/20).

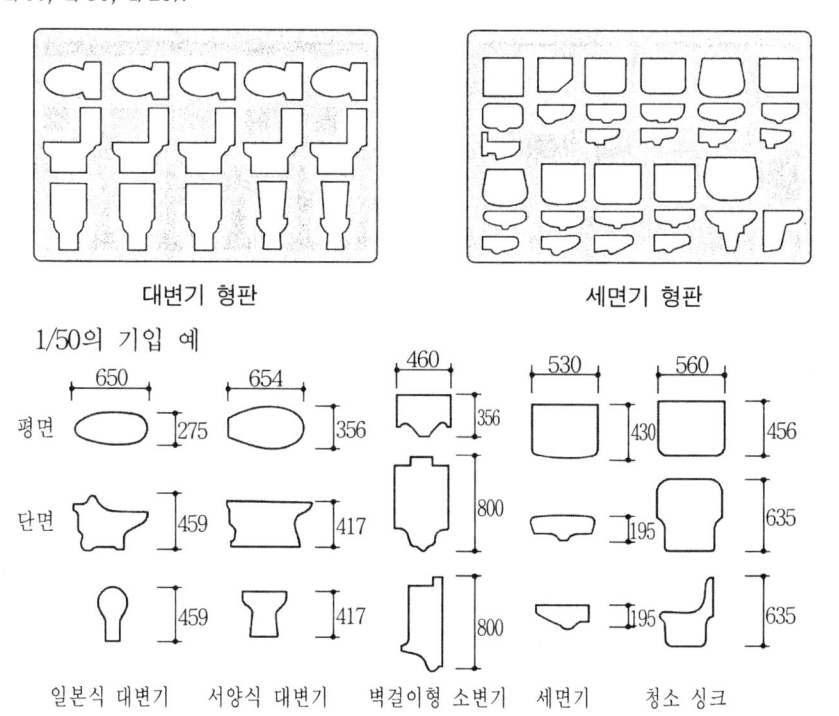

대변기 형판 / 세면기 형판

1/50의 기입 예

일본식 대변기 서양식 대변기 벽걸이형 소변기 세면기 청소 싱크

수전류에 대해서는 둥근 형판을 사용하여 표시한다.

수전 탕전 탕수 혼합전

기타 기구에 대한 표시 기호의 일반적인 예를 다음에 나타낸다.

기 구	표시 기호	기 구	표시 기호
양 수 기	─M─	오일저집기	─OT─
볼 탭		드럼트랩	─DT─
세 정 밸 브	●	바닥배수트랩	◉
샤 워		루프드레인	RD ◉
살 수 전		간접배수받이	◯
바닥위청소구	CO ◐	여 과 망	▨
바닥밑청소구	CO‖		
그리스저집기	─GT─	공용 꼭지붙이 배수 금속구	⊗

10·5 위생 기구 주변의 배관

[2] 기구의 기입 방법

기구의 기입에 있어서, 도면에는 위생 기구의 품번을 기호로 표시한다. 또 기구 품번은 JIS로 표시하는 경우와 제조 회사 품번을 사용하는 경우가 있다. 아래에 그 대표적인 예를 나타낸다.

기구 명칭	JIS 기호	T사 제품 번호
일본식 수세 바닥 위 급수 대변기	VC 311	C-375V
서양식 사이펀 변기	VC 910	C-21
벽걸이 스톨 소변기(대)	VU 410	U-370
손잡이 없는 세면기(대)	VL 510	L-221
후면 부착 청소용 싱크	VS 210	SK-22A

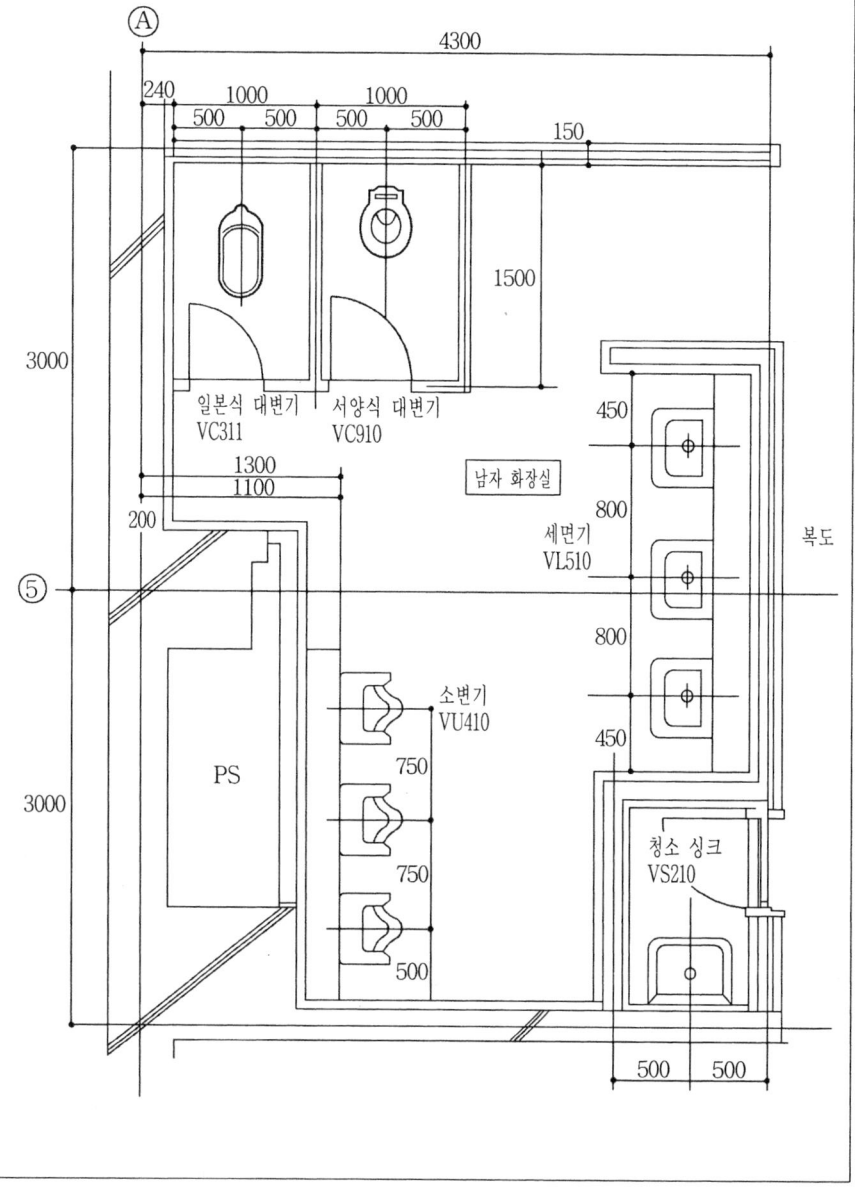

| [3] 기구의 배치와 설치 방법 | 위생 기구는 기능을 중시해야 하며 건축 칸막이 치수와 설치할 벽, 바닥 등의 구조를 충분히 검토한 후에 기구 사용에 지장이 없도록 배치한다. 아래에 일반적인 기구의 배치, 설치 치수를 나타낸다. |

일본식 대변기의 설치 치수

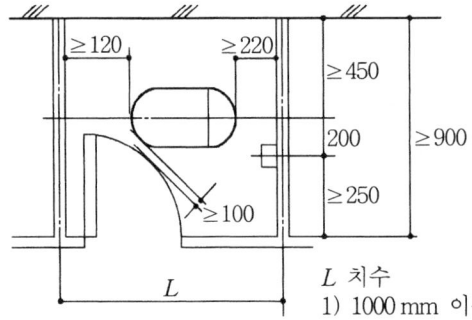 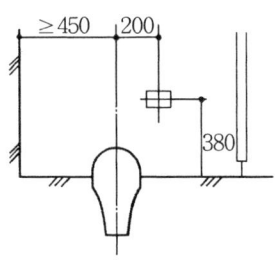

L 치수
1) 1000 mm 이상   이상적
2) 950 mm   약간 좁다
3) 900 mm   시공도, 사용도 곤란

서양식 대변기(세정 밸브)의 설치 치수

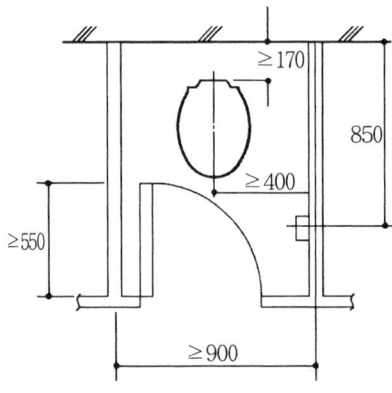 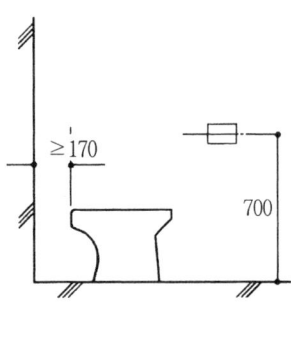

소변기의 설치 치수

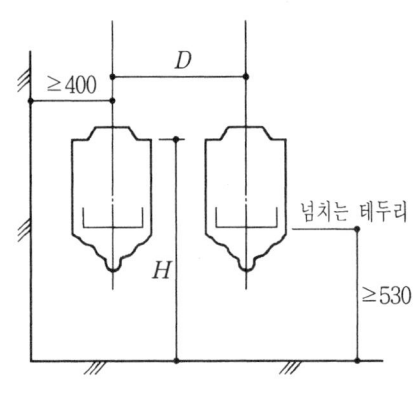 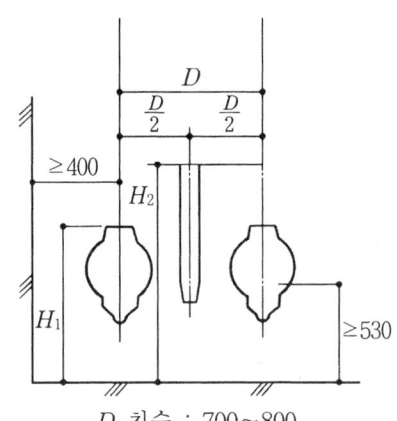

D 치수 : 700~800

세면기, 선반, 거울의 고정 치수

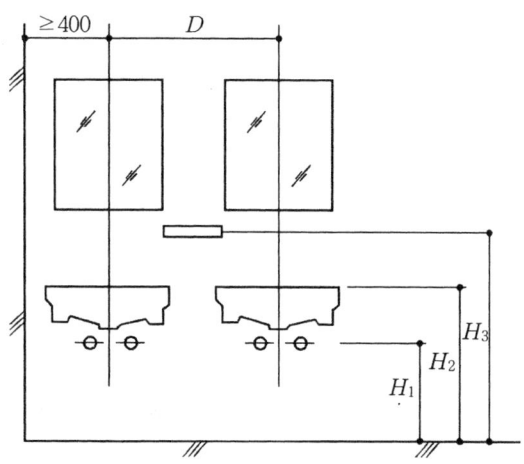

H_1 치수는 카탈로그 등을 참조하여 접속, 앵글 수전 조작이 가능한지를 확인
H_2 : 720~760(넘치는 테두리까지)
H_3 : 920~960
D : 700~800

청소 싱크의 설치 치수

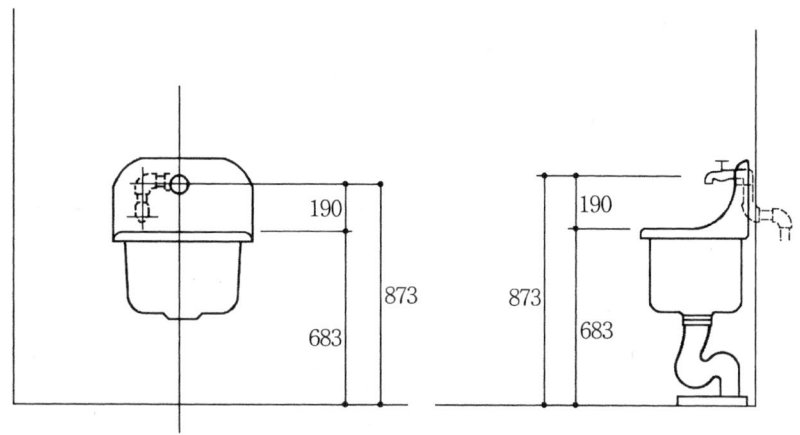

〔4〕 타일 면에 설치하기

위생 기구를 타일 면에 설치할 경우에는 기구의 사용 편리성을 우선으로 하고, 외관상 타일의 줄눈에 맞춰 기구를 설치한다. 타일은 10 cm 사각과 20 cm 사각이 많이 쓰이고 있다. 작도할 때는 건축에서 작도한 타일 레이아웃도(타일의 레이아웃을 구조체, 칸막이에 맞춰 작도한 건축 마감도)를 준비하고, 줄눈에 맞춰서 기구를 설치한다.

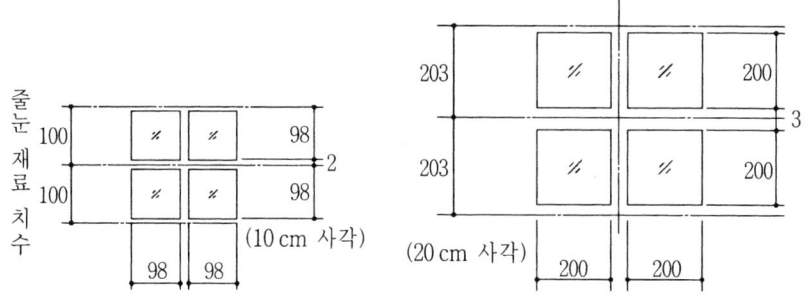

타일의 표준 치수

타일 면에 설치한 예

줄눈 맞춤은 세로 줄눈을 우선으로 하고, 가로 줄눈은 기구설치 표준 치수에 가까운 위치에 맞춘다.

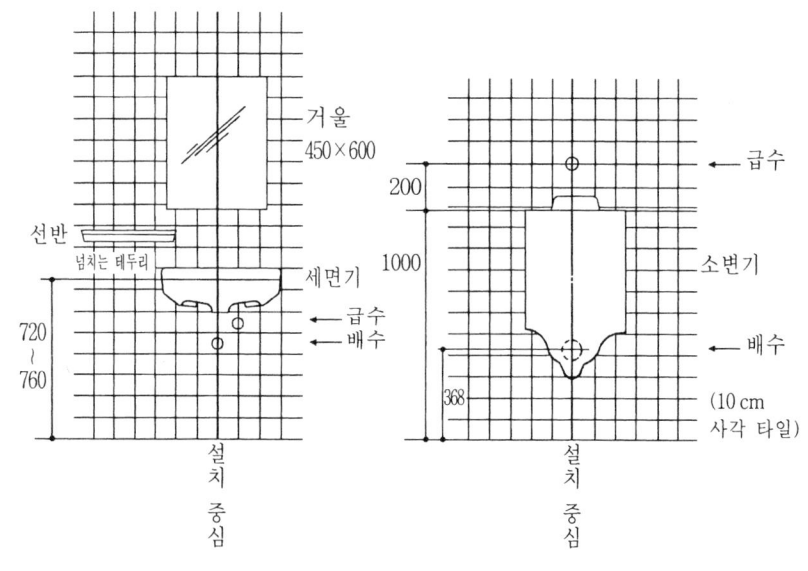

10·5 위생 기구 주변의 배관

| [5] 기구 주변의 배관 | a) 작도 순서 |

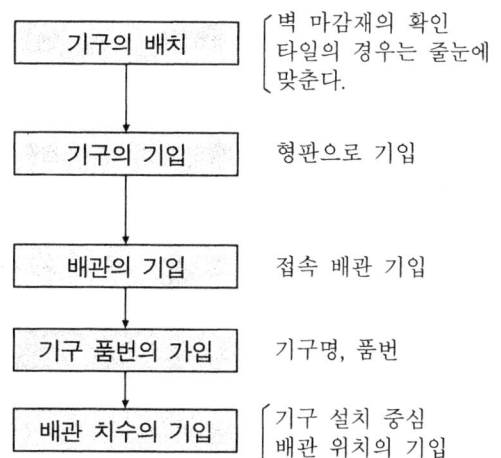

- 기구의 배치 — 벽 마감재의 확인, 타일의 경우는 줄눈에 맞춘다.
- 기구의 기입 — 형판으로 기입
- 배관의 기입 — 접속 배관 기입
- 기구 품번의 가입 — 기구명, 품번
- 배관 치수의 기입 — 기구 설치 중심, 배관 위치의 기입

b) 기구 접속 배관

가. 벽붙이 플래시 밸브의 배관(콘크리트 벽 수직 배관)

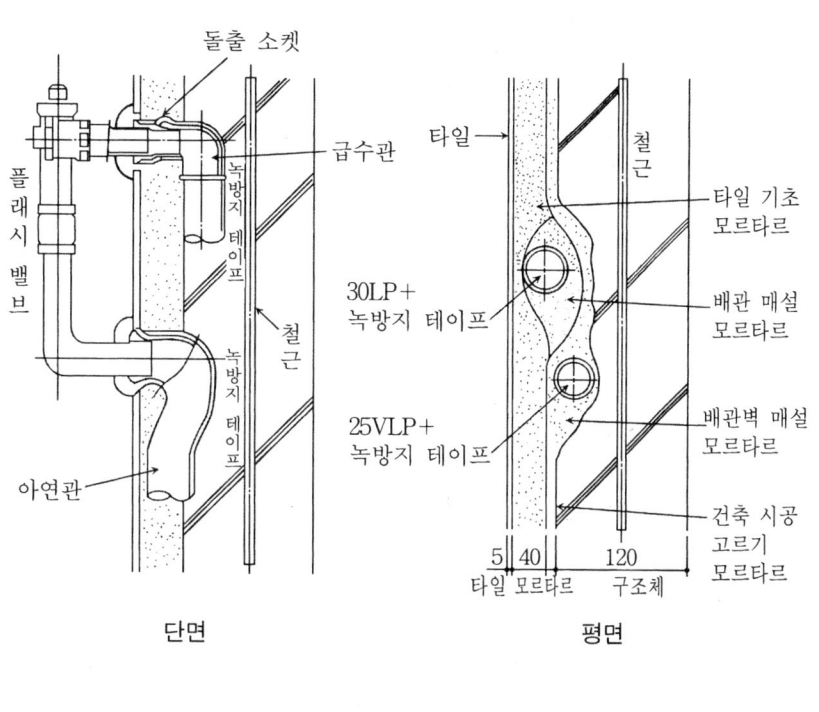

단면   평면

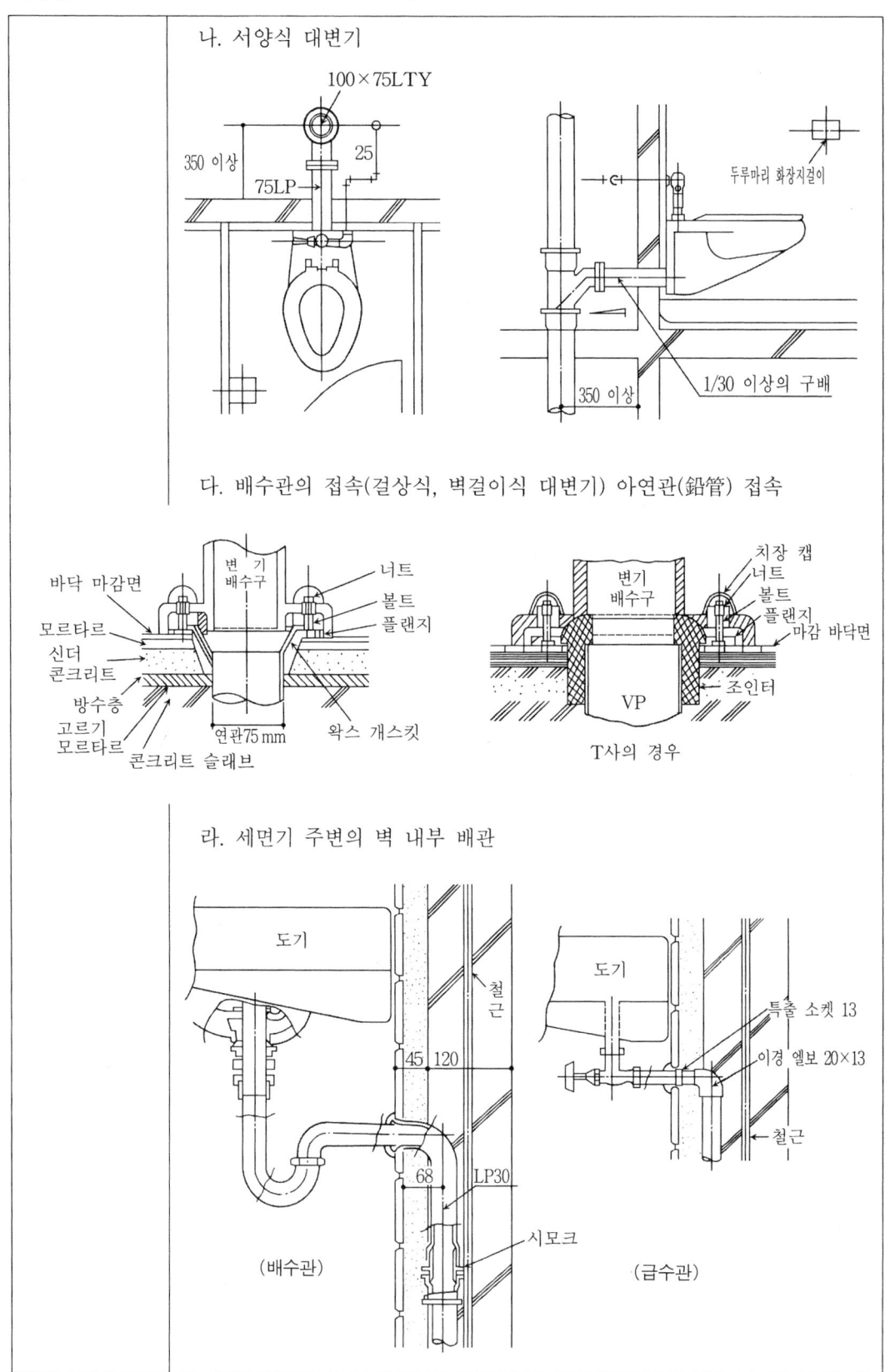

c) 일본식 대변기 주변 표준도

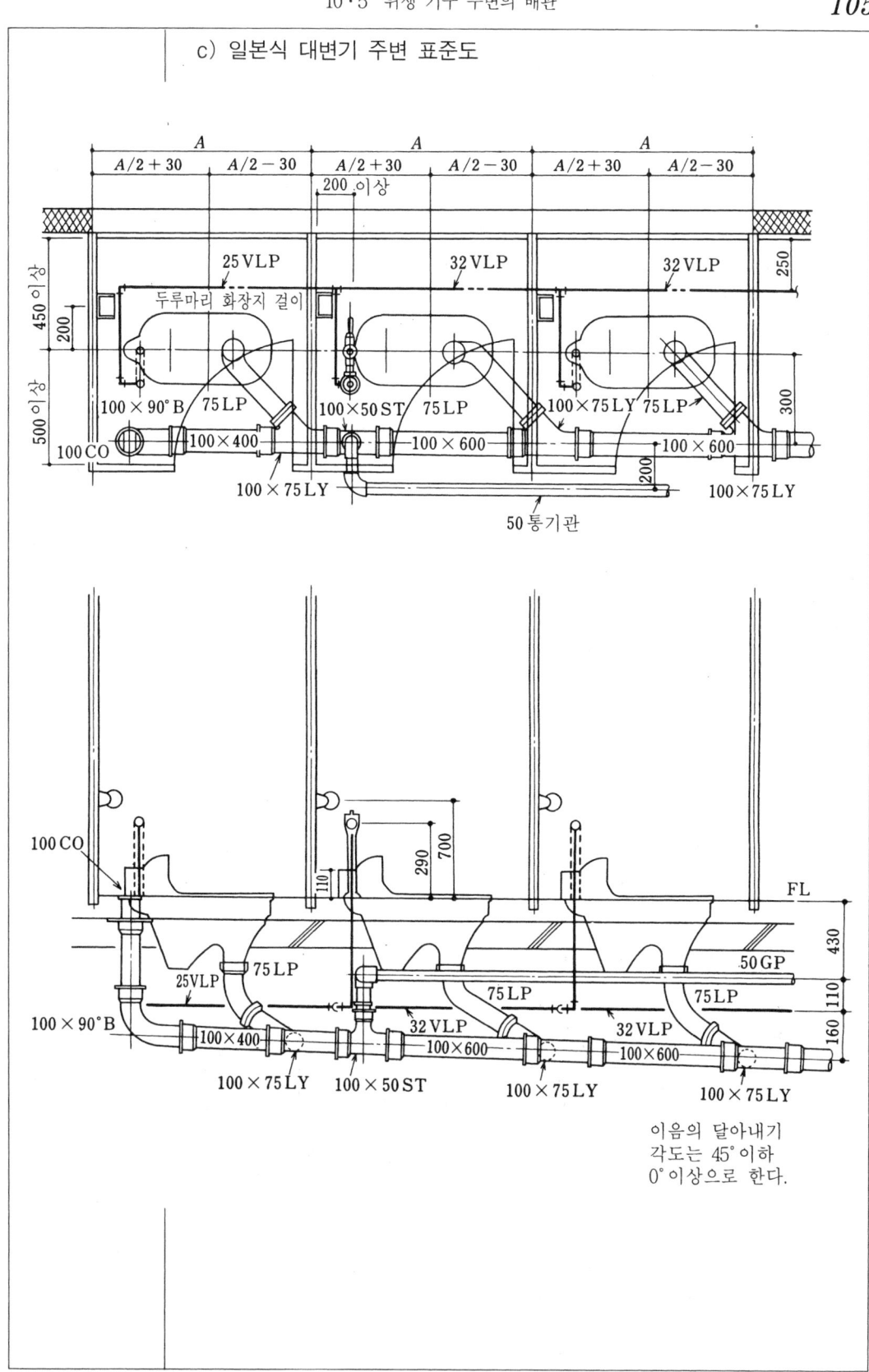

d) 서양식 대변기 주변 표준도

두루마리 화장지 걸이
화장지 걸이 중심

50통기관
75LP
GS 이음

이음의 달아내기 각도는 45°이하 0°이상으로 한다

10·5 위생 기구 주변의 배관

e) 소변기 주변 표준도

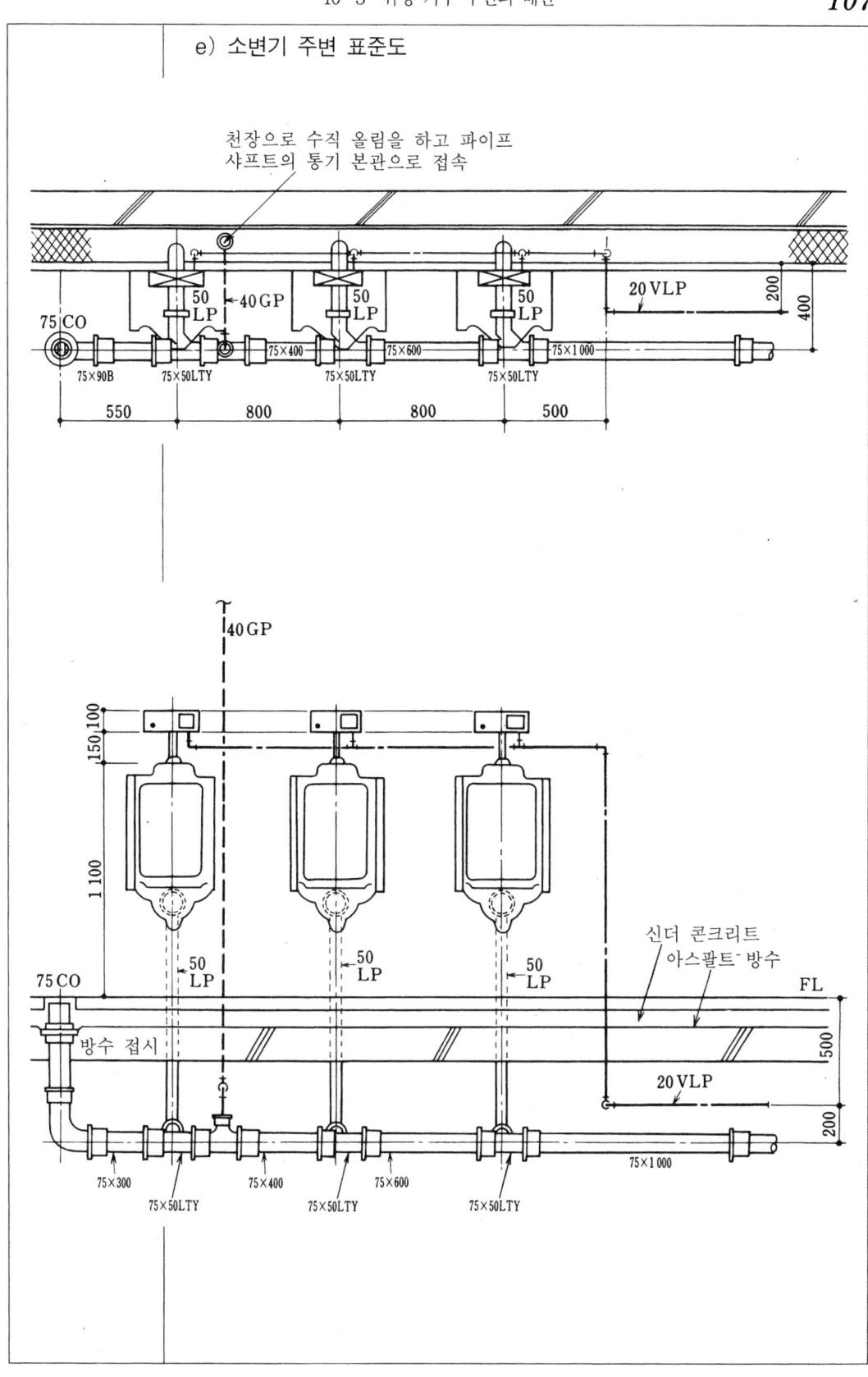

10·6 분기, 지지 부속품

[1] 주관에서의 분기

주관에서의 분기, 달아내기는 다음의 가)~라)를 고려하여 작도한다.

가. 물 배관에서는 과대한 흐름 저항이 생기지 않도록 분기 달아내기를 한다.

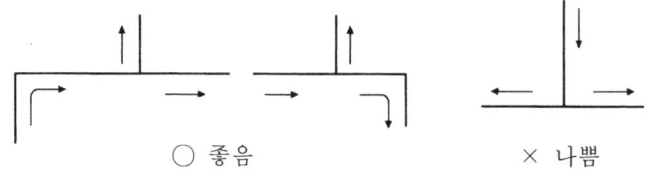

○ 좋음   × 나쁨

나. 급탕관, 환탕관의 분기 달아내기의 예

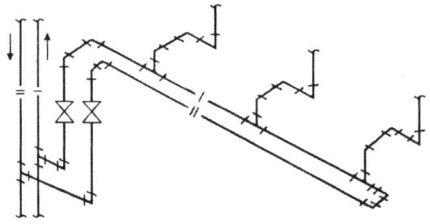

다. 신축에 의한 응력을 무시할 수 있는 경우에는 다음과 같은 분기 달아내기가 좋다.

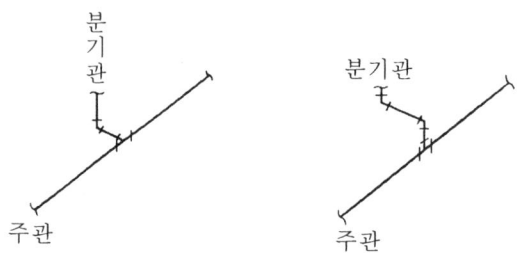

라. 드레니지 이음을 사용할 경우에는 이음의 각도를 고려한다.

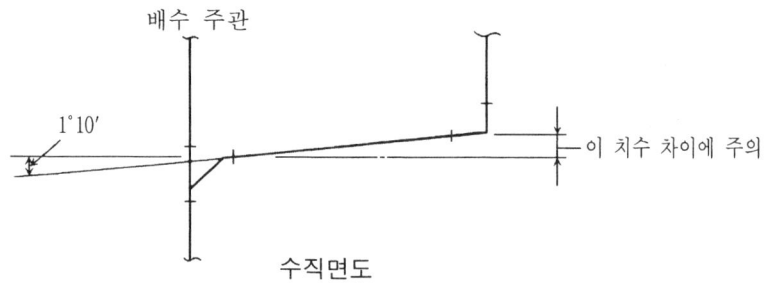

〔2〕 배관의 지지	배관을 지지할 경우에는 다음 사항을 검토하여 시공한다. 가. 배관 중량(관 재료 중량+유체 중량+피복 중량) 나. 관의 신축 다. 구조체의 변위량 라. 관의 휨에 대한 적당한 지지 간격 마. 관 내 압력 변동에 의한 관 자체 진동 바. 지진시의 배관 흔들림 각종 관 재료에 의한 수평 배관의 지지 간격은 **표 6-4**에 표기되어 있지만 다음의 사항에도 주의할 필요가 있다. a) 배수 주철관의 수평 배관은 1.6 m 이내, 분기관이 연속되는 경우에는 1.2 m 이내로 지지하고, 수직관은 각 층마다 각각 1개소를 지지한다. b) 배수 연관(鉛管)의 수평관 및 수직관은 1.0 m 이내에 1개소를 지지한다. 수평관이 1 m를 초과할 때에는 아연 철판(28번 이상) 또는 비닐판(관)의 반원통에 얹어서 지지한다. c) 옥내의 수직관에는 각 층마다 1개소에 흔들림을 방지하고, 최하층의 바닥 및 최상층의 바닥에 고정하여 배관 하중을 받는다. d) 지지 부속품은 아연 도금제 또는 녹 방지 도장을 한 것을 사용한다. e) 동관(銅管)·스테인리스관의 지지 부속에 대해서는 관과의 접속 부분에 고무 또는 절연 테이프 등을 넣어 이종(異種) 금속이 직접 접촉하지 않도록 한다.

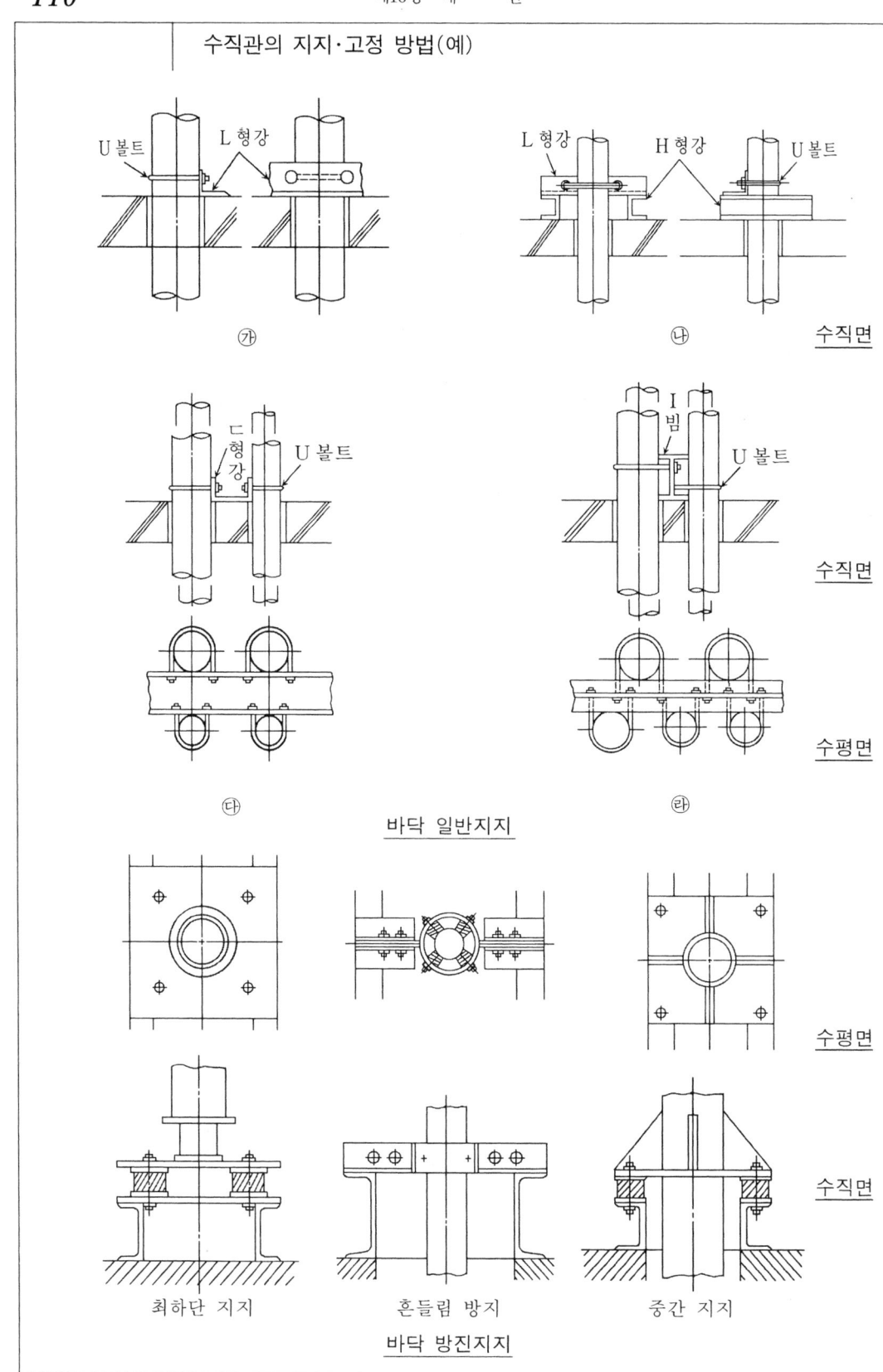

10·6 분기, 지지 부속품

수평관의 지지·고정 방법(예)

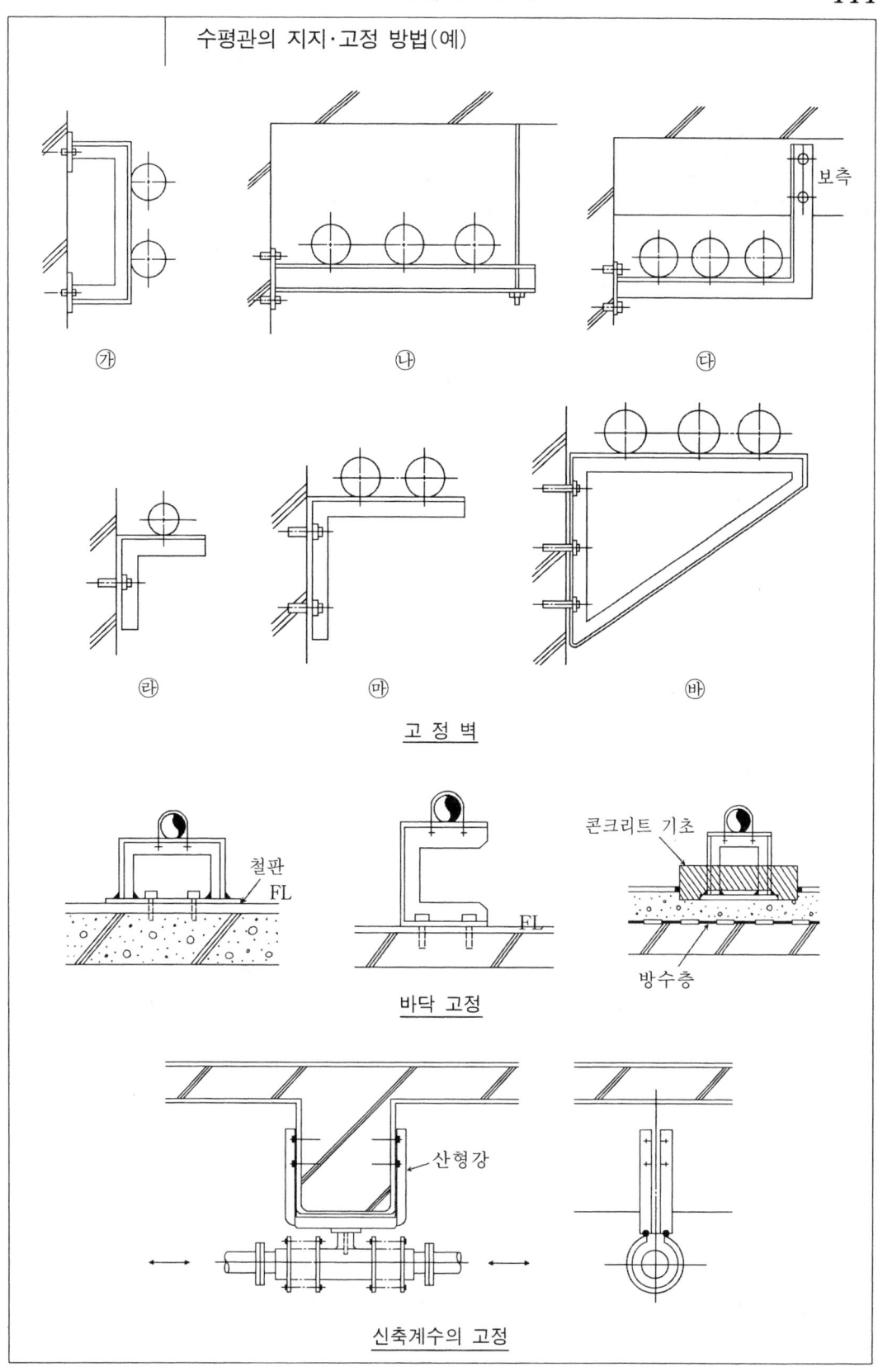

제11장 옥외 배관

11·1 확인·주의 사항

[1] 건축과 설비의 확인·주의 사항

건축 관련 사항 / 설비 관련 사항

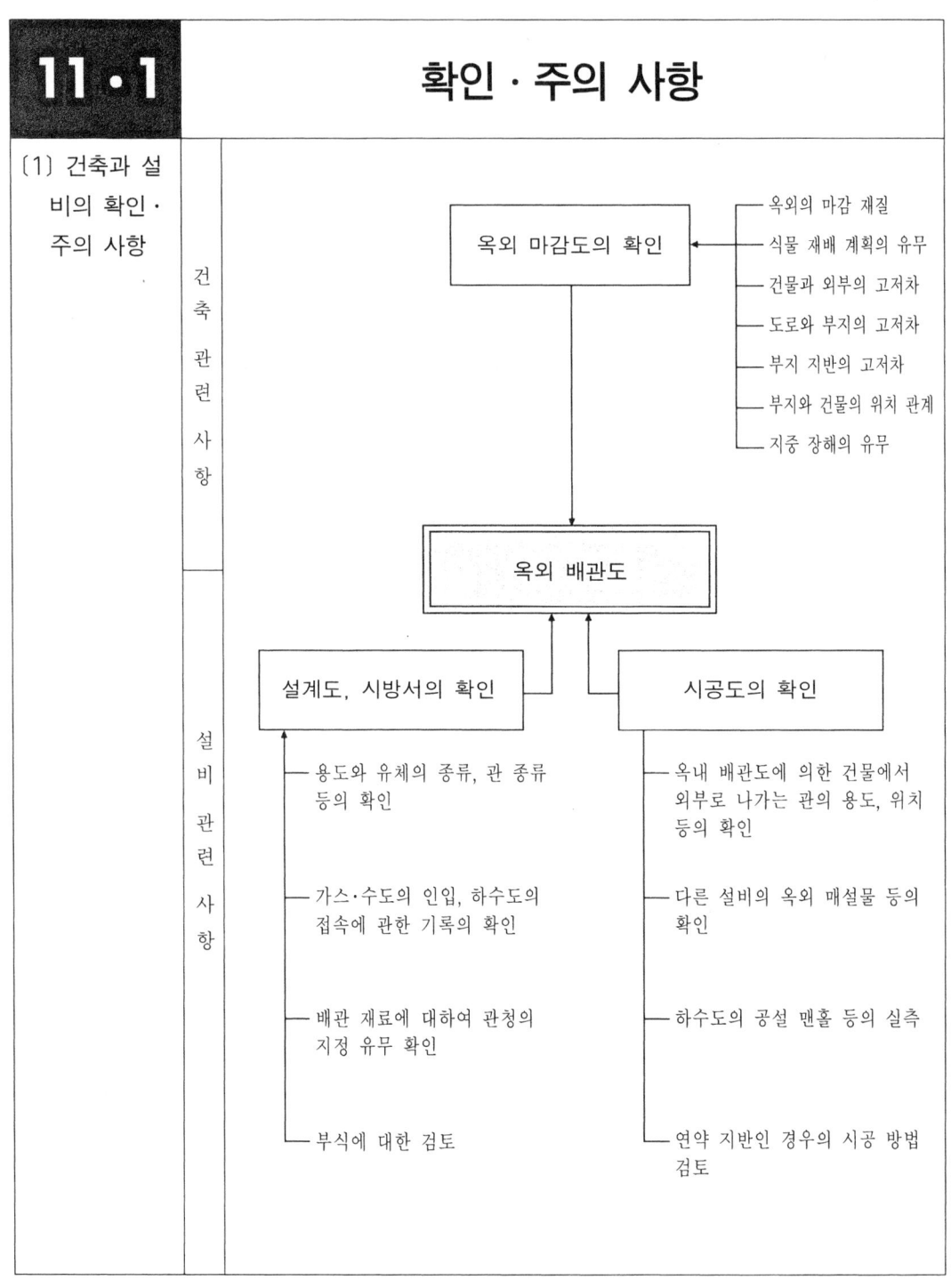

〔2〕 용도와 종류	옥외 배관은 일반적으로 다음의 것을 말한다. 　a) **옥외 배수관** 　건물로부터 나온 배수관을 유입구로 유도하여, 최종적으로 공공 하수도로 방출하기까지의 관을 말한다. 　단, 공공 하수도가 없는 장소에서는 오수처리 시설로 유도하여 하류쪽으로 방류한다. 이 경우에는 우수(雨水)와 계통을 분리한다. 　b) **수도 인입관(급수 장치)** 　공공 도로에 매설된 수도 본관에서 분기, 부지 내로 배관하여 양수기 등을 거쳐 수수 탱크 또는 직결 기구에 이르는 건물 바깥의 관. 　c) **가스 인입관** 　공공 도로에 매설되어 있는 가스 본관에서 분기하고, 부지 내로 배관하여 건물에 이르는 관. 　d) **기타의 배관** 　　가. 펌프실, 수수 탱크가 건물과 별개의 장소에 있을 경우, 펌프에서 옥상 수조까지의 양수관 또는 직송 방식의 경우, 급수 주관이 건물에 이르기까지 옥외에 배관되는 관. 　　나. 살수전이 식물 재배용 또는 청소용으로 설치되어 있는 경우, 수도 본관부터 직결 혹은 고가 수조 이하 또는 펌프 직송인 경우에도 옥외에 배치되는 관. 　　다. 소화 설비 배관으로서, 외부 송수구에서 건물에 이르는 배관 및 옥외 소화전의 용도에 사용하는 옥외 배관. 　　라. 연못·폭포·분수 등이 설치된 곳에 필요한 순환 배관.	
〔3〕 관통부의 절연	건물로부터 옥외로 배관하는 경우에는 지중 보 또는 외벽을 관통하여 배관을 한다. 금속관으로 관통 슬리브 안을 배관할 경우에는 반드시 구조체와의 절연을 배려한다. 또한 옥외 매설의 금속관과 건물 내의 배관에 전기적인 절연을 도모하도록 고려한다.	
〔4〕 관의 구배	특히 배수관은 옥내 배관과 마찬가지로 자연 유하(流下)로 되기 때문에, 구배에 대해서 특히 주의할 필요가 있다. 　건물로부터 구조체를 관통하여 나오는 깊이와, 최종적으로 하수도에 접속되는 공설 맨홀의 깊이에 따라 구배가 결정되기 때문에, 건물 관통 레벨 결정에는 충분한 배려가 필요하다.	

11·2 옥외 배관 시공도의 작성 및 주의할 점

[1] 옥외 배관도 옥외 배관도는 부지 내의 건물 주위에 매설될 모든 배관류를 도시하며, 수도관·하수도관·가스관 등 공공 도로에서의 인입 위치를 명확히 하는 도면이다.

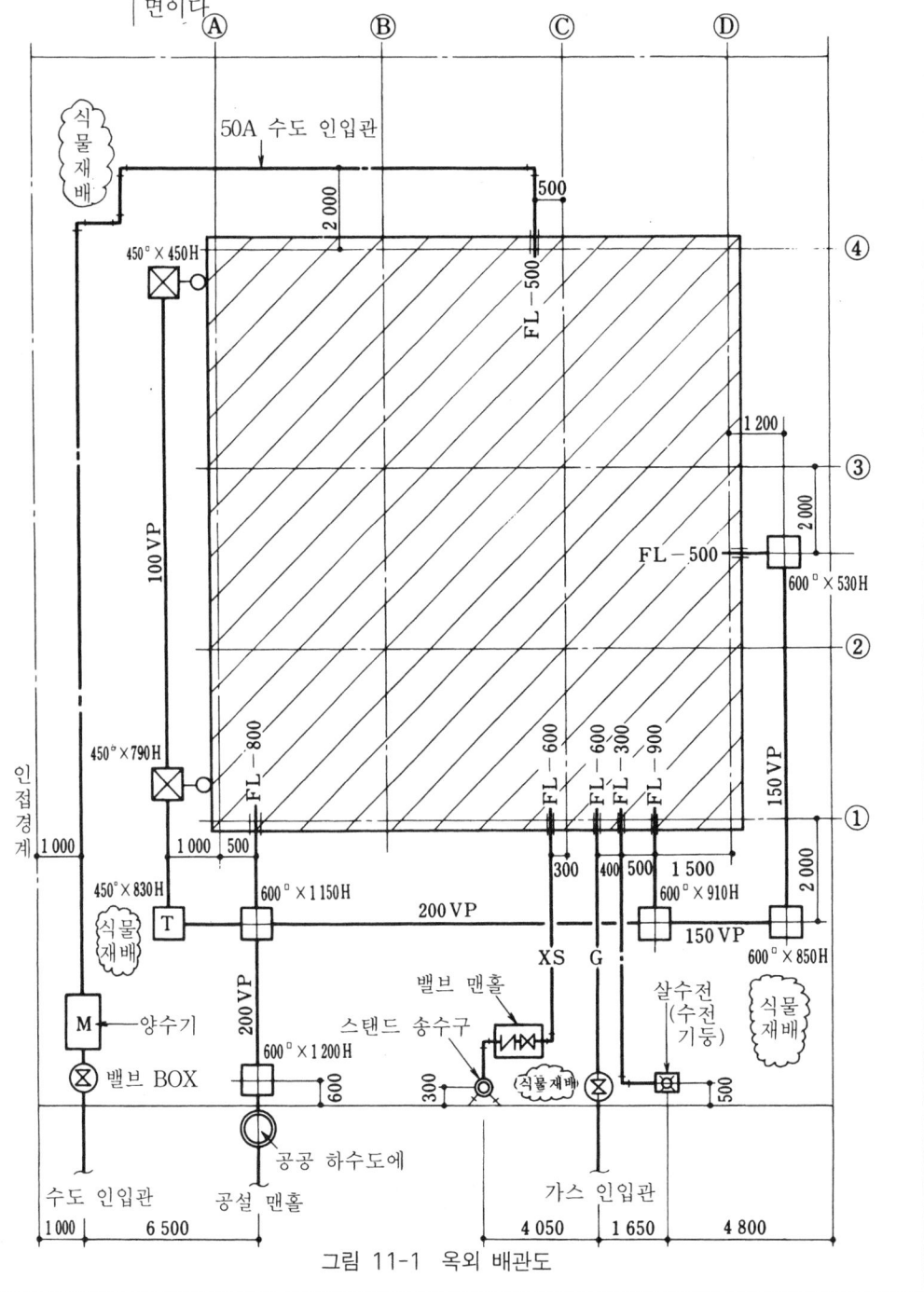

그림 11-1 옥외 배관도

[2] 상세도   전체의 옥외 배관도로 명시할 수 없는 부분을 확대하여 마감을 평면·단면으로 나타낸다.

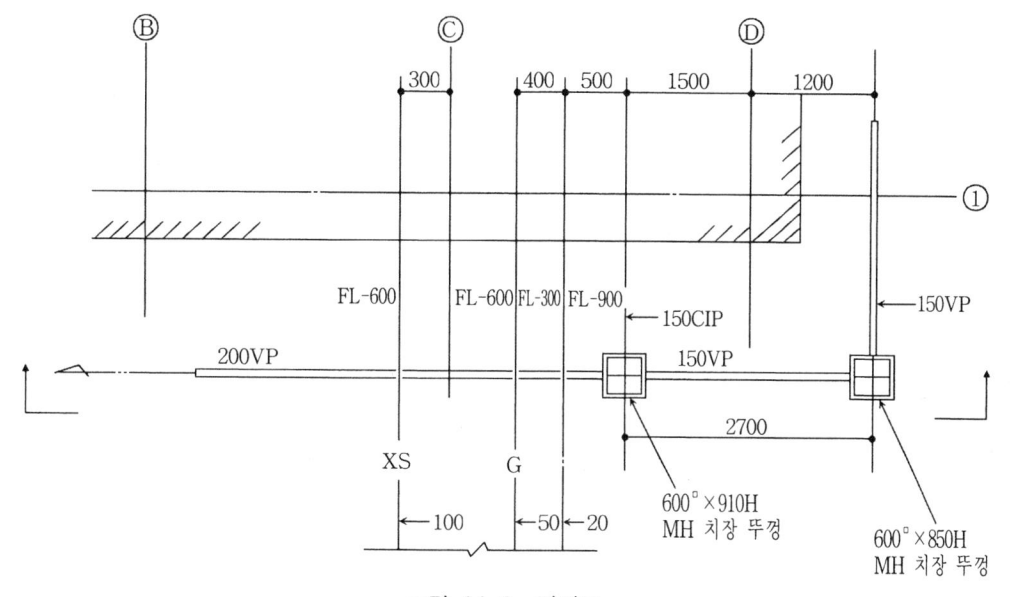

그림 11-2 평면도

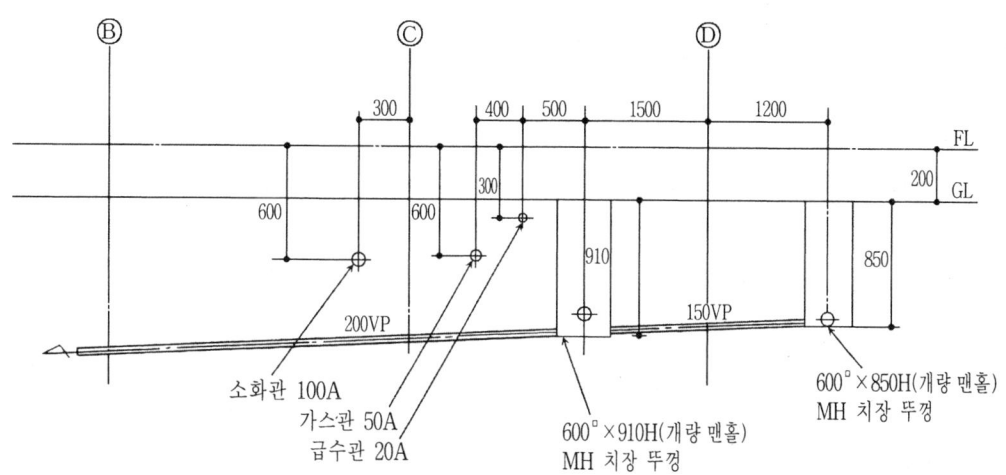

그림 11-3 단면도

옥내 배관과 마찬가지로 배관이 평면적으로 교차하는 장소는 관의 매설 심도(深度)를 변화시켜 대응시킨다.

단, 기본적으로 배수관의 구배를 우선시키는 것이 필요하다.

[3] 종단면도   옥외 배수관을 나타내는 도면이며, 규모가 큰 옥외 배수인 경우에는 작도할 필요가 있다.

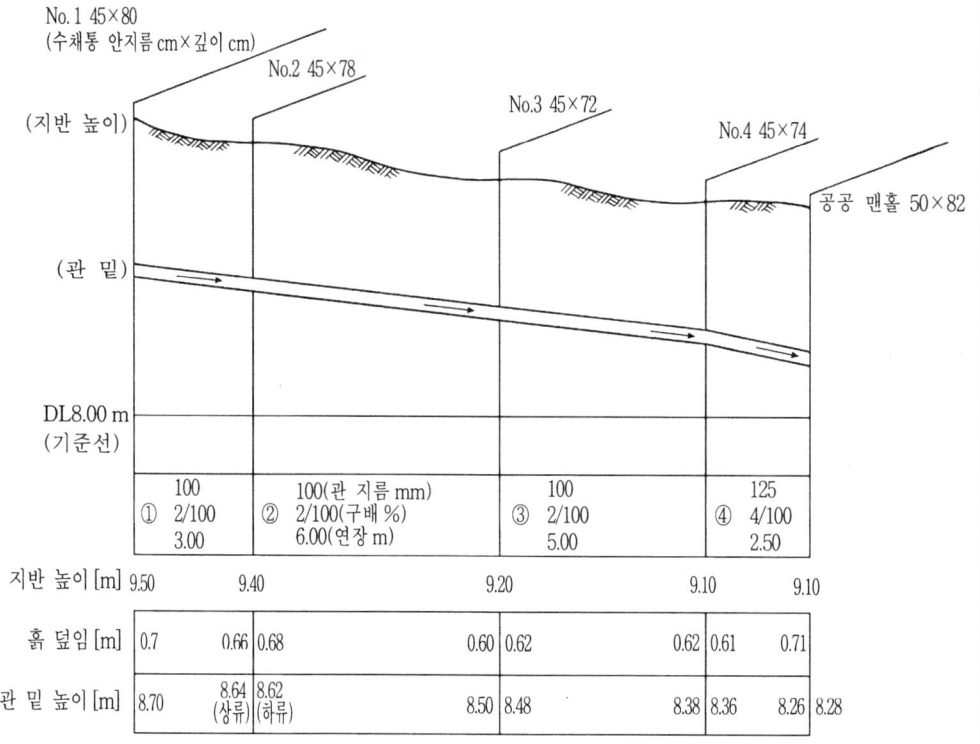

[주] 1) 염화비닐관을 사용하였기 때문에 관 두께는 생략했다.
    2) ( ) 내의 문자는 도면에는 기입하지 않는다.

그림 11-4 종단면도

[4] 배수관의 구배   그림 11-4와 같이, 관 지름과 구배를 알 수 있도록 각 배수 수채통 또는 맨홀 위치에서의 관 밑 높이, 흙 덮이, 지반 높이를 기입하여 작도하는 것이다.

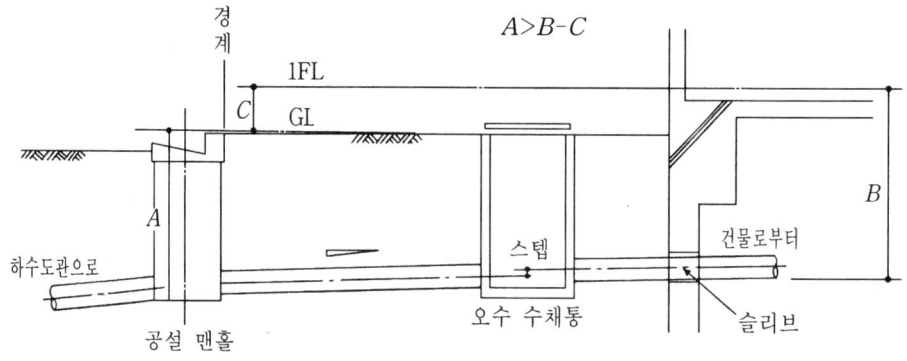

[주] 스텝이란, 수채통·맨홀 내에서의 구배를 말하며, 일반적으로 20~30 mm 정도로 한다.

그림 11-5 배수관의 구배

표 11-1 관 지름과 구배(도쿄의 경우)

(a) 오수만을 배제해야 할 배수관의 안지름

배수관의 안지름 [mm]	구 배
100	$\frac{2}{100}$ 이상
125	$\frac{1.7}{100}$ 이상
150	$\frac{1.5}{100}$ 이상
180 이상	$\frac{1.3}{100}$ 이상

(b) 오수 또는 우수를 포함한 하수를 배제해야 할 배수관의 안지름

배수관의 안지름 [mm]	구 배
100	$\frac{2}{100}$ 이상
125	$\frac{1.7}{100}$ 이상
150	$\frac{1.5}{100}$ 이상
180	$\frac{1.3}{100}$ 이상
200	$\frac{1.2}{100}$ 이상
230 이상	$\frac{1}{100}$ 이상

[5] 배수 수채통의 설치 조건

표 11-2 배수 수채통의 설계 조건

1	배수관의 기점(옥외 배수관으로서 건물로부터 나오는 최연장부)
2	배수관의 합류점
3	배수관의 구배, 방향, 관 지름이 변화하는 곳
4	배수관의 단차가 생기는 곳
5	배수관의 직선부가 길게 되는 중간점(원칙적으로 관 지름의 120배 이내)
6	공공 하수도에 방류하는 경우, 공설 맨홀의 바로 앞에

[6] 관 지름의 결정

관 지름과 유량에 대해서는 제4장 4-10을 참조할 것.

수도 인입관의 경우에는 공급 사업자가 지정한 공식에 따라 수도 본관의 수압을 확인한 후에 결정한다.

또한 배수관의 경우에는 강기에-쿠터의 공식을 이용하여 관 지름과 구배에 따라 유량과 유속을 결정한다.

11·3 수채통, 변류통(變流筒), 맨홀 등의 종류

〔1〕 배수 수채통

배수 수채통에는 여러 가지 종류가 있는데, 크게 나누면 다음과 같다.

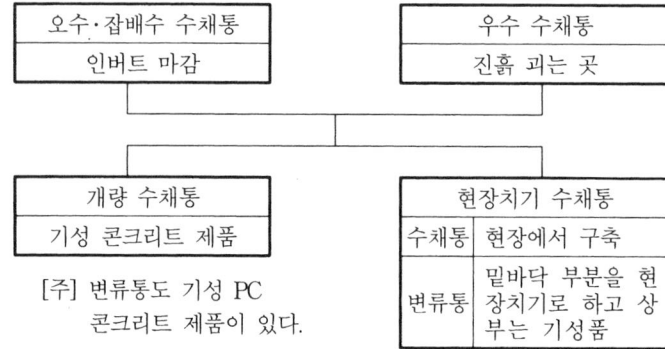

[주] 변류통도 기성 PC 콘크리트 제품이 있다.

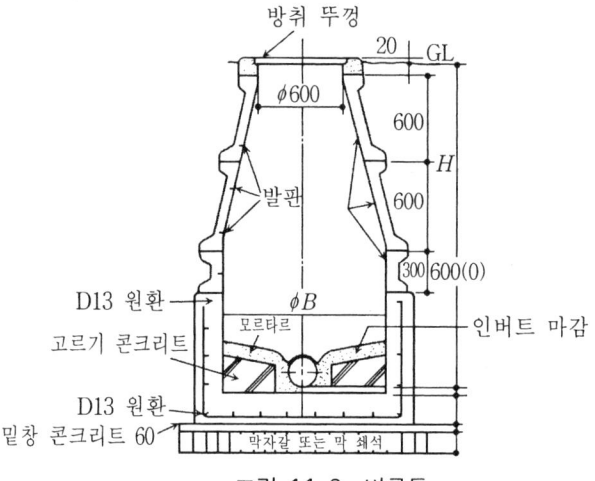

그림 11-6 변류통

그림 11-7 개량 수채통

11·3 수채통, 변류통(變流筒), 맨홀 등의 종류

[2] 밸브 통, 밸브 박스

급수 또는 소화용의 일반적인 게이트 밸브를 매설할 경우, 밸브 통을 설치한다. 또 작은 구경의 경우에는 밸브 박스를 설치한다.

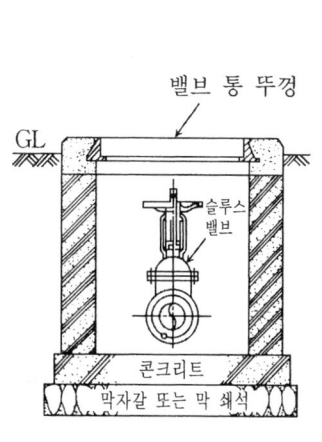 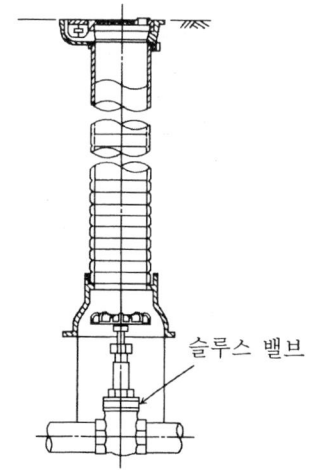

그림 11-8 (a) 밸브 통   그림 11-8 (b) 밸브 박스

[3] 맨홀

지표면에 나타나는 배수 수채통, 밸브 통, 밸브 박스의 표면에는 점검을 위해 맨홀을 설치한다.

형상은 설치 장소의 상황에 따라 좌우된다. 또 외관적으로 노출되는 것을 피하기 위해서 치장 뚜껑을 사용하는 경우도 있다.

내(耐)하중에 대해서는 설치하는 장소에 차량이 통과하는지 등의 내(耐)하중 검사를 통해 선정한다.

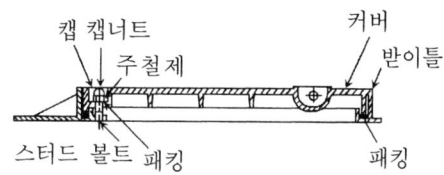

방취형 주철제 맨홀 커버

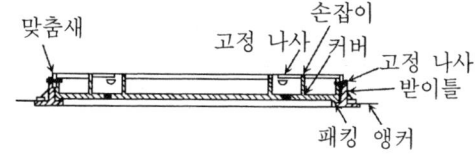

주철제 치장 뚜껑

그림 11-9 맨홀의 종류

제12장 집합 주택

12·1 확인·주의 사항

[1] 건축 관련 확인·주의 사항

a) 급배수 설비

공사 개요의 확인 사항
- 개발 행위 등의 허가 조건 확인
- 공동 주택 등의 특별 기준에 적합한 건축 구조인지 확인

의장도의 확인 사항
- 층수 및 층 높이
- GL(지반 높이), FL(바닥 마감), BM(높이 기준), CL(콘크리트 윗면)
- 천장 높이 및 마감 방법
- PS의 유효 안치수
- 방화 구획

구조도의 확인 사항
- 주 구조의 확인(RC, SRC, PC 등)
- 슬래브 두께 및 양성(梁成), 형상
- 1F 바닥 밑이 피트 구조인지 토방 구조인지 확인
- 단 차이 슬래브와 보의 위치 확인

배관 경로의 확인
- PS가 상하 같은 위치에 있는지 확인
- 신정(伸頂) 통기의 개방구와 창의 관계 확인
- 주호 내의 배관 수직 오름 스페이스의 벽 두께 확인
- PS 내 각 배관(전기, 가스, 수도) 설치·플롯도 확인

작 도

b) 환기 설비

천장 높이 확인
- 상층 슬래브 아래와 천장 기초까지의 유효 스페이스 확인
- 수납되지 않을 경우, 내림 천장 및 천장 높이 변경을 신청한다. 또는 오벌 덕트 사용도 검토

덕트의 외벽 관통과 배기 톱과의 배치
- 창과 배기 톱 거리와 배치의 확인
- 상층 발코니 밑면 레벨의 확인(주호 바닥면 보다 슬래브 밑이 낮을 경우도 있다(그림 12-14 참조)).

덕트 경로의 확인
- 보 관통 경로의 확인 (큰 보, 작은 보의 보 높이 체크)
- 기둥, 보, 벽 등의 위치 확인

작 도

12·1 확인·주의 사항

[2] 설비 관련 확인·주의 사항	a) 급배수 설비

```
                    ┌─── 수도국 지도 사항의 확인(사용 수량,
   ┌──────────────┐ │    급수시간 등)
   │ 사전 협의(서)의 │─┤
   │  해답 내용 확인 │ │
   └──────┬───────┘ └─── 하수도국 지도 사항의 확인(배수량,
          │              배수 지역 방류 장소 지정 등)
          │
          ▼          ┌─── 신고 방법 확인(각 수도 사업자의 지도
   ┌──────────────┐ │    기준 확인)
   │ 양수기가 개인 소유인지│
   │ 국가로부터의 대여인지 확인│
   └──────┬───────┘ └─── 미터 주변의 배관 형식 확인
          │
          ▼
   ┌──────┐    ┌──────┐  ┌── 펌프실 수수 탱크 위치 확인
   │기계실의│───│기계 소음│─┤
   │ 배치  │    └──────┘  └── 주호와 기계실 위치 확인
   └──┬───┘
      │        ┌──────────┐  ┌── 수도 본관의 깊이, 구경의 확인
      │        │ 수도 본관 및 │─┤
      │        │ 하수 본관의 확인│ └── 하수 본관 구경 및 공공 수채통의 깊이
      │        └──────────┘     위치의 확인
      │
      ▼                        ┌── 바닥 구름 배관 유효 스페이스의 확인과
   ┌──────────┐              │    배수관의 구배 확인
   │ 배관 경로의 확인 │──────────┤
   └──────┬───┘              ├── 메인티넌스용 점검구(바닥·벽) 위치 및
          │                   │    수량의 확인
          │                   │
          │                   └── 싱크 뒤 수평 배관 스페이스 확인
          │                       (표준 100 mm 정도)
          │
          │── 분양주택 ── 공공부와 전용 부분에 대한 배관 경로
          │              확인
          ▼
   ┌──────────┐  ┌── 미터 스페이스(전기·가스·수도)가
   │ 종합 플롯도 작성 │─┤    공동으로 된 경우는 상호간의 거리를
   └──────┬───┘  └──  확보하고 관계 법규를 준수한다.
          │
          ▼
   ┌──────┐
   │ 작 도 │
   └──────┘
```

가. 급배수 설비의 확인·주의 사항

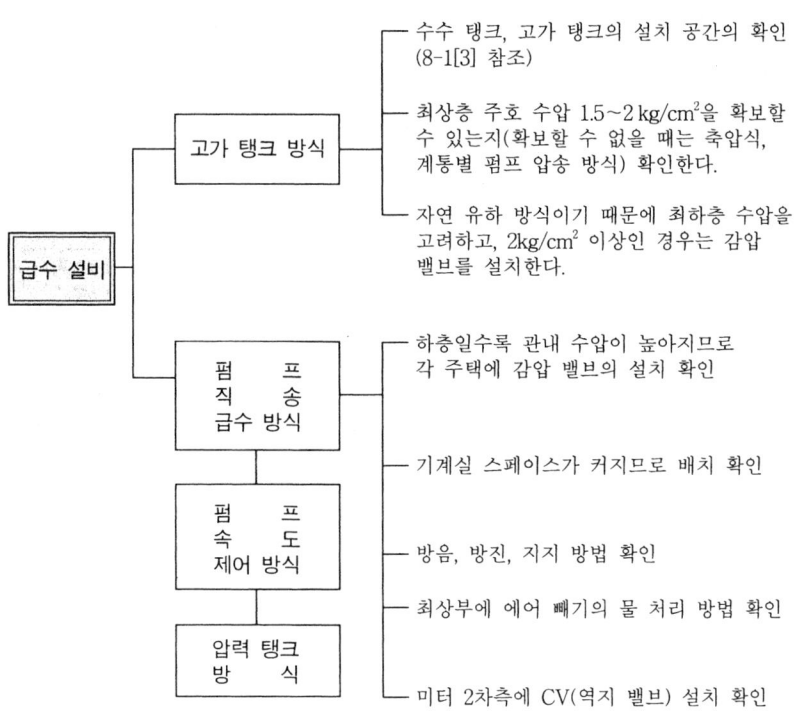

나. 급탕 설비의 확인·주의 사항

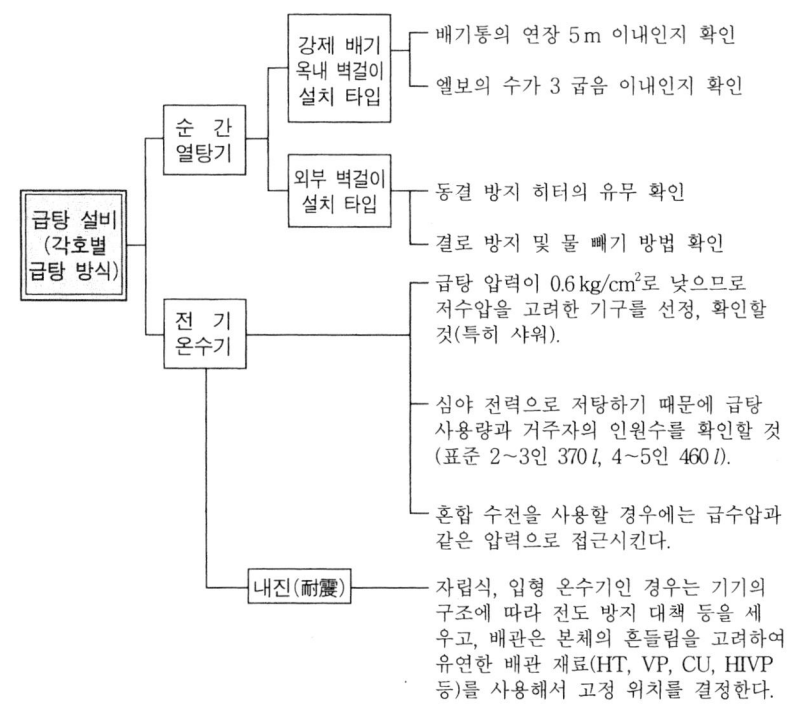

다. 배수 설비의 확인·주의 사항

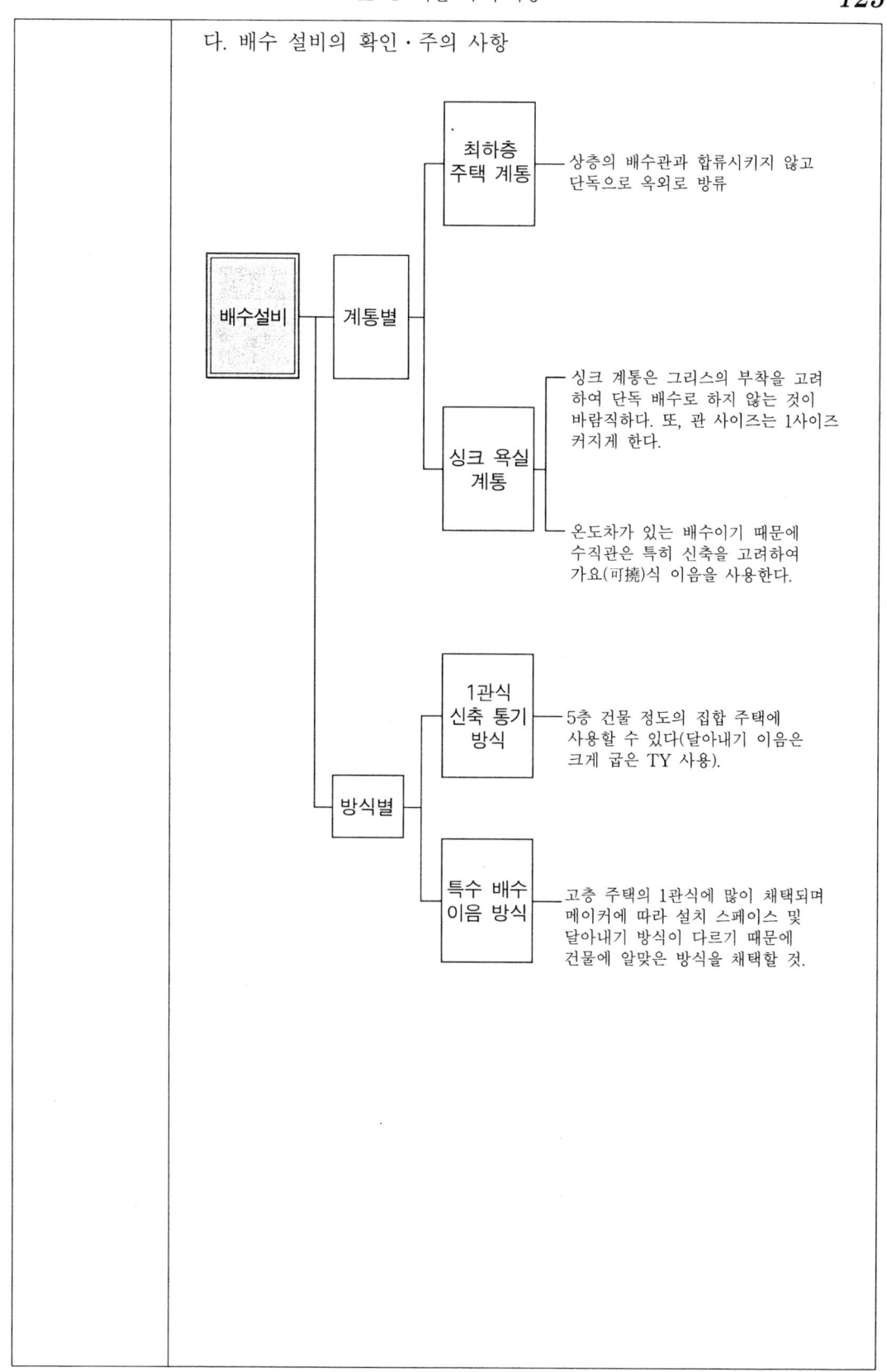

b) 환기 설비

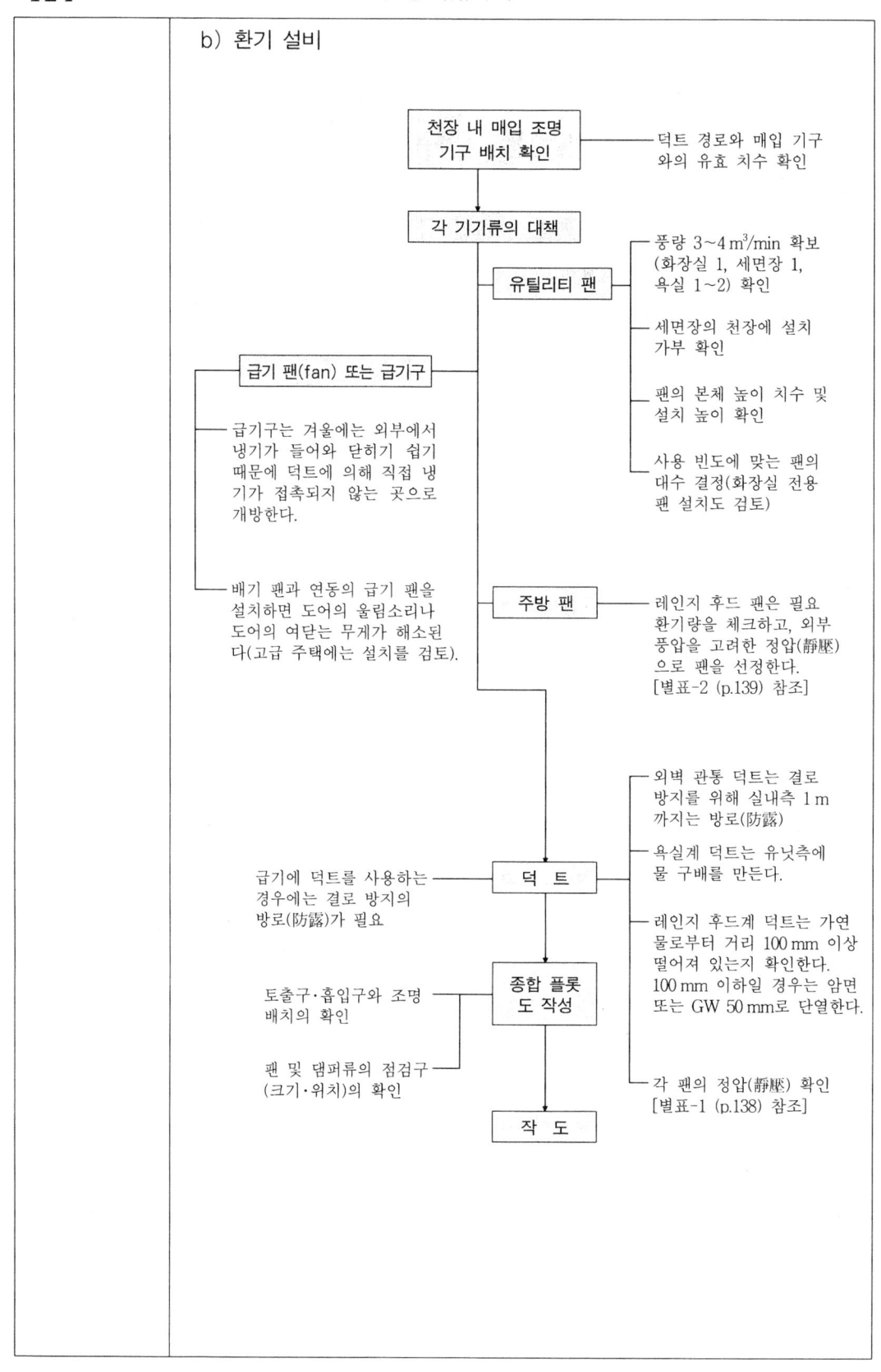

12·2 급배수 설비도의 작성 및 주의할 점

〔1〕미터 샤프트의 마무리

가. 배관 사이즈가 가장 굵은 층에서 마무리를 검토한다.
나. 수직관의 메인 밸브를 PS 내에 설치할 경우에는 플랜지 구경 및 스핀들의 돌출 등을 고려하여 작도한다.
다. 대여 받은 미터의 경우, 각 시도별로 시공 규정이 있으므로 확인을 한다. 양수기가 20A의 경우, 도내 가까운 곳의 일례를 표 12-1에 나타낸다.

표 12-1 20A 표준 안치수 최소 치수

(단위 : mm)

도 시 명	세로×가로×안쪽	문의 안치수 유효 $W \times H$	비 고
도 쿄 도	600×500×200	500×500	
가와사키	600×700×300	700×600	외부 형식의 경우 양수기의 보온 커버 있음
요코하마	600×620×200	470×600	

라. 미터실의 공통 주의 사항
 ① 미터는 공용 통로 쪽에 설치한다.
 ② 미터의 교환시에 물이 잘 빠질 것.
 ③ 문에 자물쇠를 설치하지 않는다.

[2] 주택 내 배관의 마무리

a) 서양식 변기·바닥 빼냄 타입

배수관의 구배와 수직관에서 변기까지의 길이

  1/50 → 1600 mm (TMP ϕ75 수평 길이)

  1/75 → 2400 mm (〃   )

  1/100 → 3200 mm (〃   )

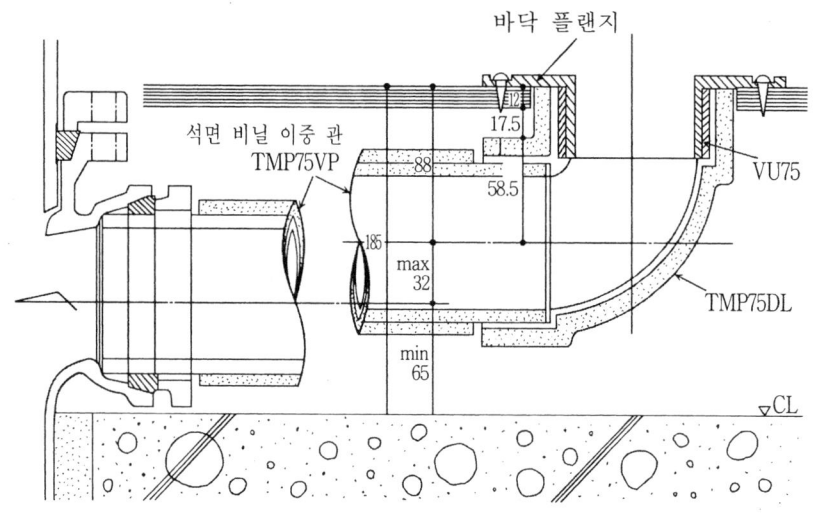

그림 12-1

b) 세탁 수전 수직관 고정

 목조 패널 내에 세우는 세탁기 급수 수직관은 패널 보강 띳장에 30×40 의 서까래를 걸쳐서 고정한다.

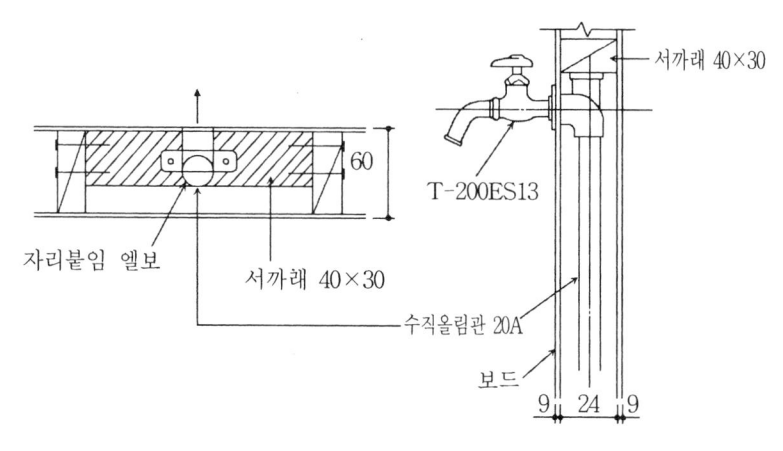

그림 12-2

12·2 급배수 설비도의 작성 및 주의할 점

c) 싱크대 뒤의 배관과 접속
가. 한 구멍 타입 혼합 수전

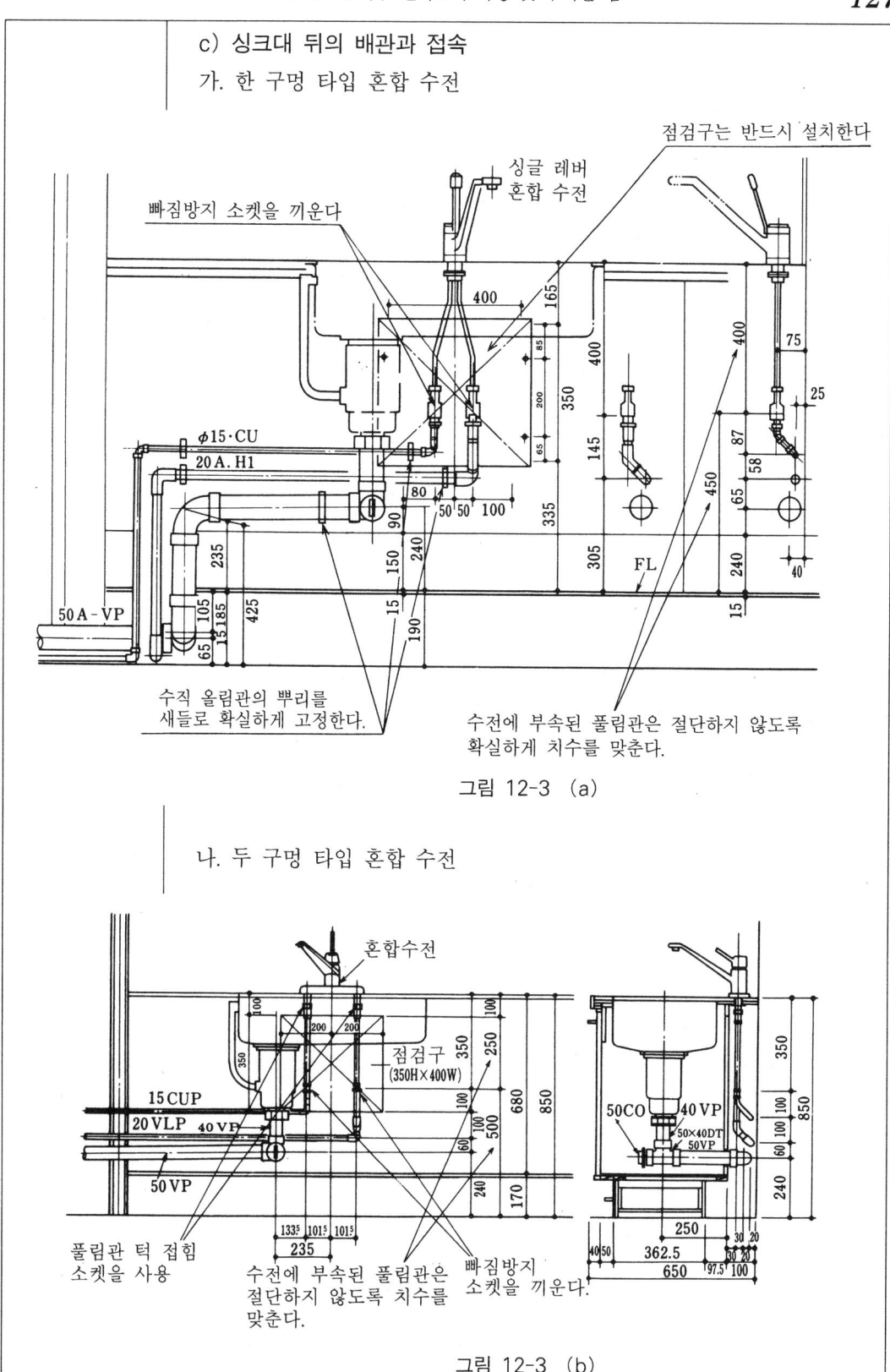

그림 12-3 (a)

나. 두 구멍 타입 혼합 수전

그림 12-3 (b)

d) 세탁 팬 주변의 마무리

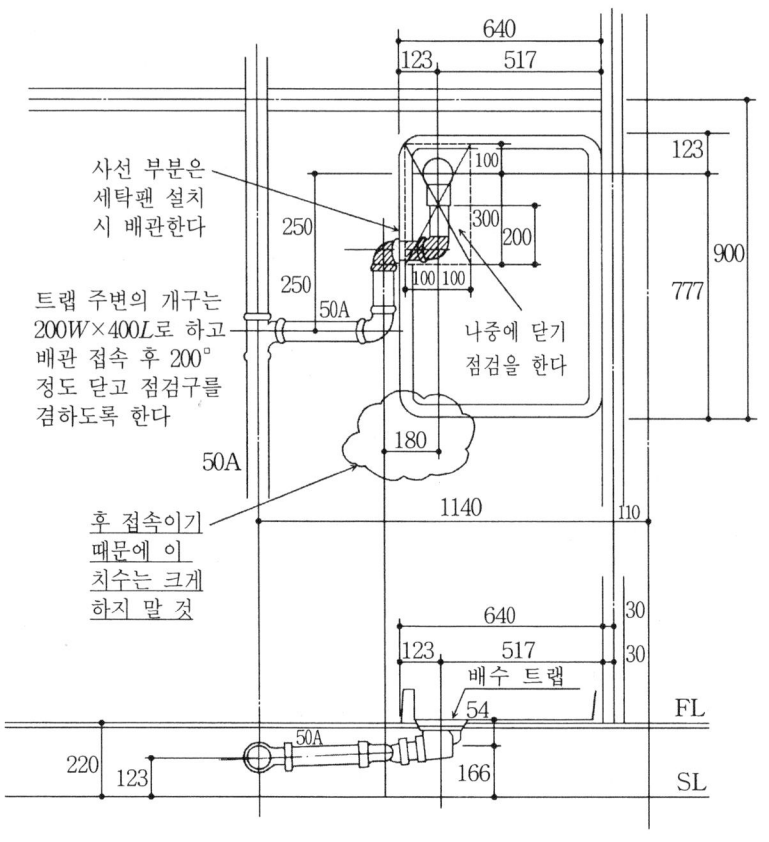

그림 12-4

e) 전기 온수기의 설치 스페이스

460 l 타입의 설치 예

설치 스페이스 : 안쪽 치수 $1000 \times 1450W \times 2500H$($200H$ 가대 포함)

위의 치수에는 온수기를 교환하기 위한 스페이스 $1000L \times 400W$가 포함된다.

12·2 급배수 설비도의 작성 및 주의할 점

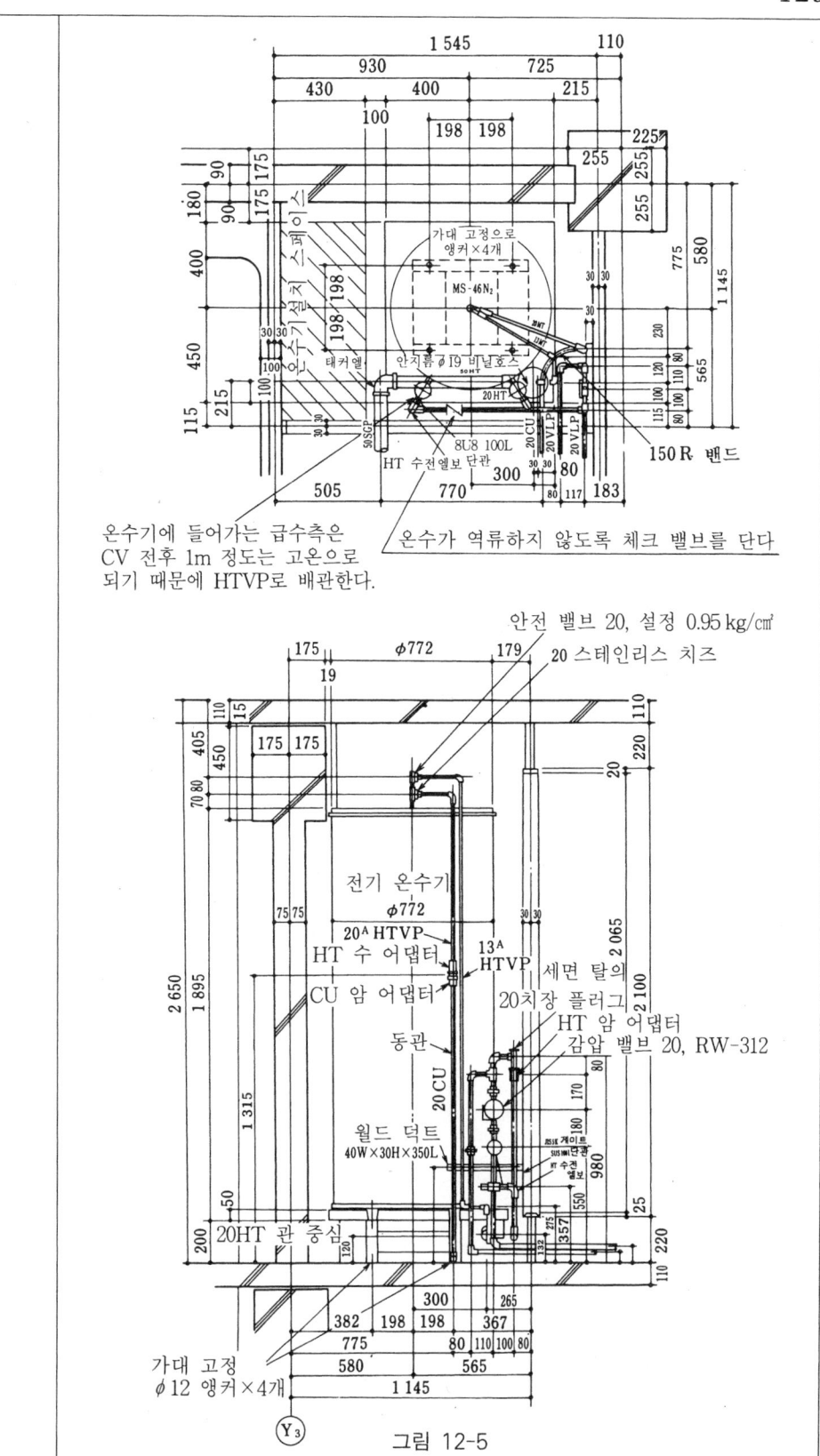

온수기에 들어가는 급수측은 CV 전후 1m 정도는 고온으로 되기 때문에 HTVP로 배관한다.

온수가 역류하지 않도록 체크 밸브를 단다

그림 12-5

| 〔3〕 온수기 주변의 배관 지지 및 본체의 전도 방지 | 지진시에 온수기가 흔들려 배관이 파손되지 않는 지지 방법으로 한다. 또 하부의 앵커 고정에서는 내진(耐震) 강도를 유지할 수 없는 관체(罐體)에 대해서 상부의 전도 방지 조치가 필요하다. |

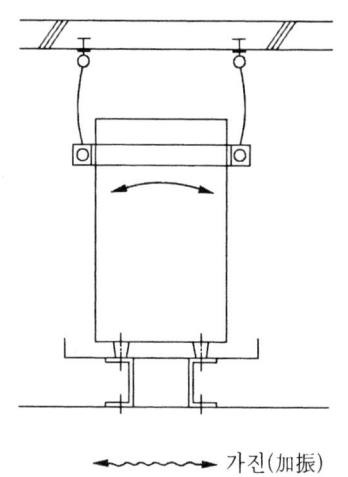

가진(加振)

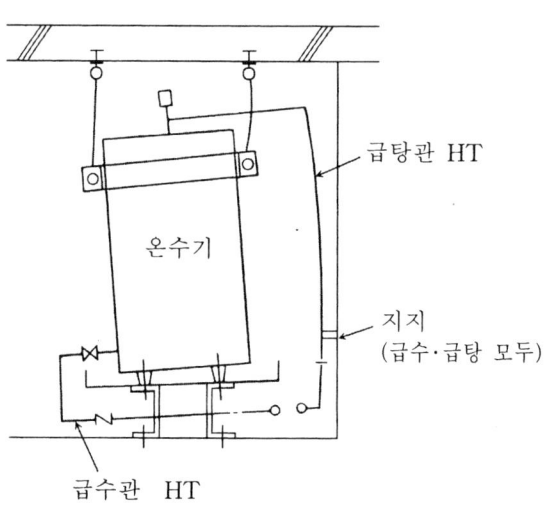

급탕관 HT

온수기

지지
(급수·급탕 모두)

급수관 HT

그림 12-6

온수기 본체의 흔들림
　　하부 〈 상부
　흔들림이 큰 상부에서 급탕관은 상부 부근에서는 지지하지 않고, 중앙부 이하에서 지지하여 내열(耐熱) 염화비닐관의 유연성에 의해 변위를 흡수한다.
　동체 하부에서 바닥 위 근처에 배관하는 급수관은 로킹 진동에 의한 배관의 상하 변위 때문에 관이 바닥에 충돌할 가능성이 있으므로, 배관과 바닥에 틈새를 두어 지지 위치를 떼어놓음으로써 변형 능력을 확보한다.

[4] 바닥 위 배관도를 그리는 방법

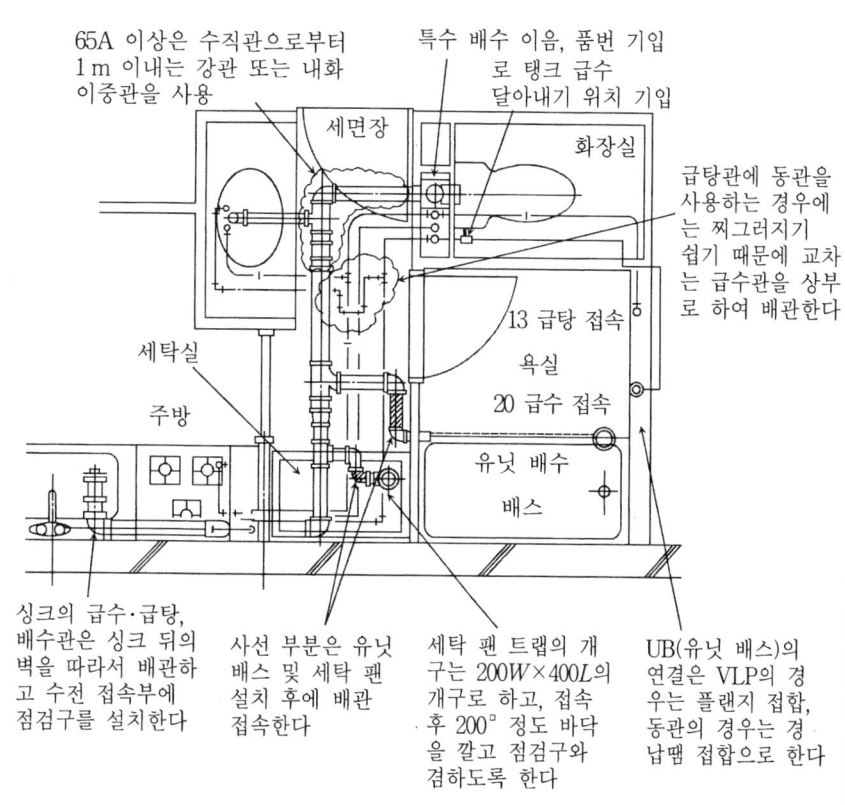

그림 12-7

[주] 내화 이중관의 사용 범위는 관할 소방서와 협의할 것

〔5〕치수선을 끌어내는 순서 및 주의할 점	가. 가장 바깥쪽에는 중심선 거리를 기입한다. 나. 시공 공정이 빠른 순서로 치수선을 바깥쪽으로 끌어낸다. 다. 수직관 치수는 기준 치수가 되기 때문에 반드시 중심선부터 차례대로 기입한다. 또 치수는 단독으로 기입한다. 라. 각 기구의 수직 치수는 먹줄치기나, 체크하기가 용이하도록 중심선부터 차례대로 기입한다.

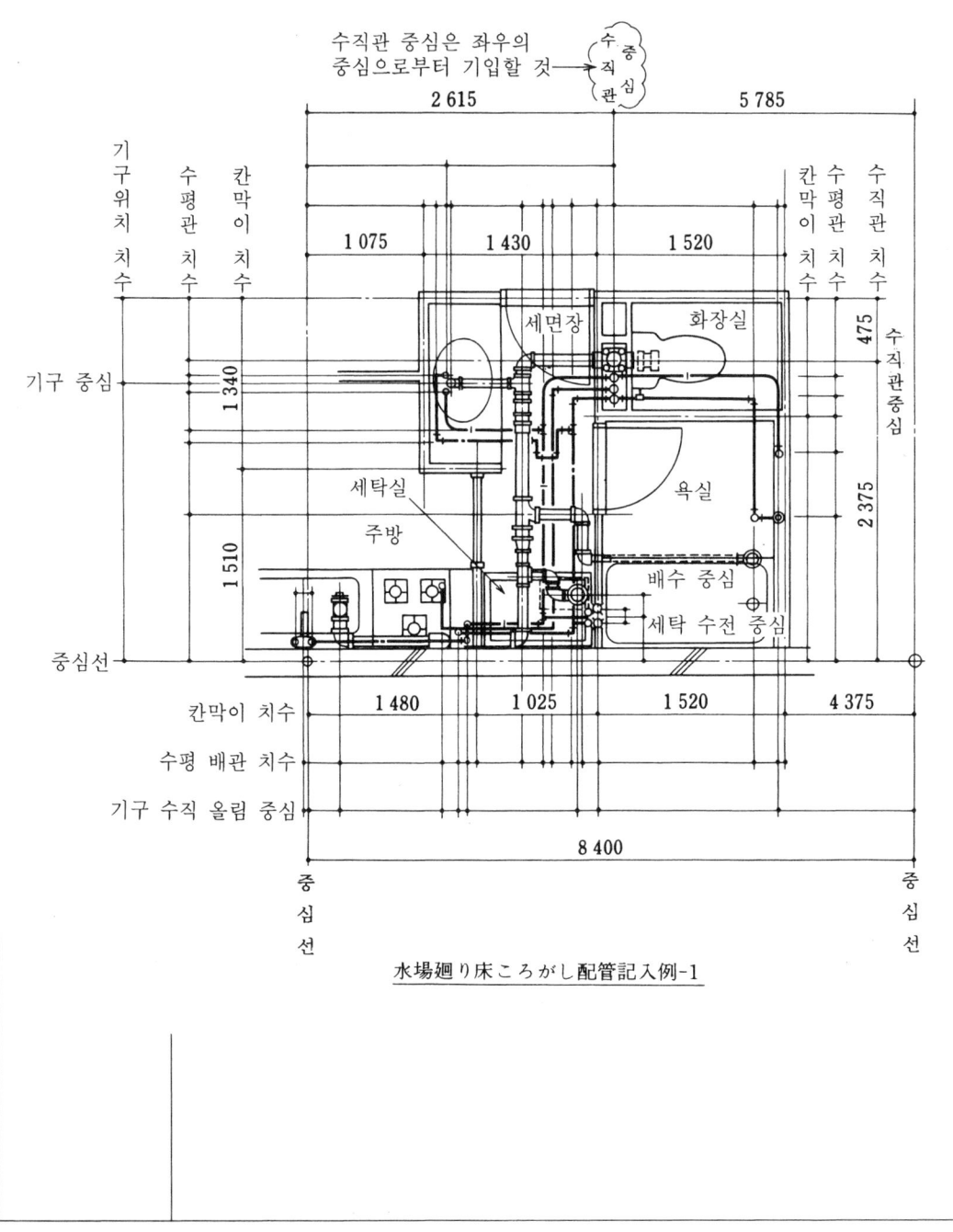

水場廻り床ころがし配管記入例-1

12·3 환기 설비도의 작성 및 주의할 점

[1] 덕트의 계통별 재질

재질은 보통 지정되긴 하지만, 일반적으로 사용되는 재질을 표 12-2에 나타낸다.

표 12-2

관 종류 \ 계통	욕실계	화장실계	세면장계	주방계	급기계
스파이럴덕트	○	○	○	○	○
스테인리스덕트	○	○	○	○	○
내화이중관+VP덕트	○	○	○	×	○
수지코팅덕트	○	○	○	×	○

[2] 기구류의 선정

a) 흡입구

일반적으로는 그림과 같은 ABS 수지제의 레지스터가 쓰이지만, 유효 면적 및 형상을 고려해서 선정한다.

b) 배기 트랩

일반적으로는 그림과 같은 스테인리스제, 알루미늄제가 많이 쓰이는데 외벽 미관, 빗물 침입의 우려가 없는 것을 선정한다.

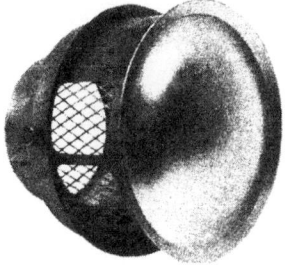

제12장 집합 주택

〔3〕 각 기기 및 덕트의 최소 마무리 치수

a) 유틸리티 팬의 설치

콘크리트에 매설된 인서트 4개에 전체 나사 볼트와 너트를 팬 매달기 훅에 끼우고, 고무 부시를 끼워 적당히 조인다.

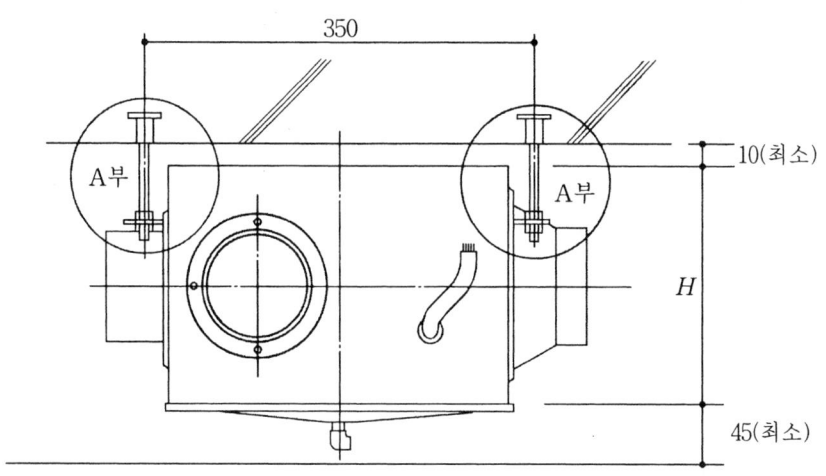

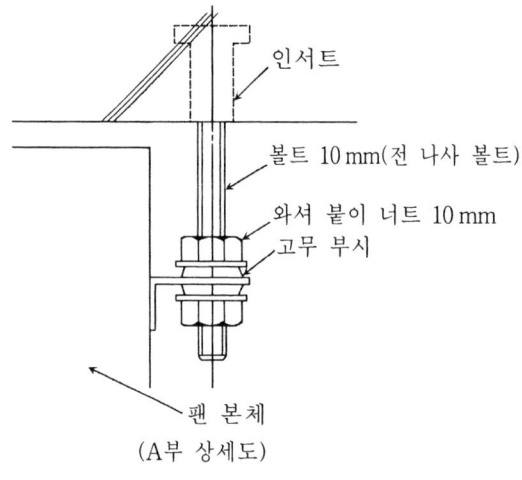

그림 12-8

b) 전동 댐퍼의 설치

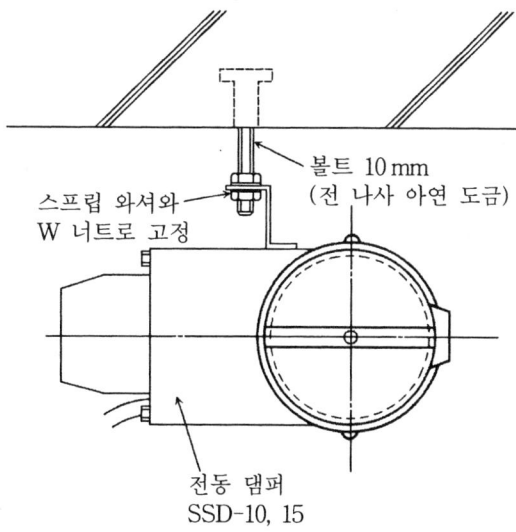

$\phi 10$ 인서트에 의해 위 그림과 같이 전체 나사 볼트를 사용하여, 스프링 와셔를 끼우고 W 너트로 죄어 고정한다.

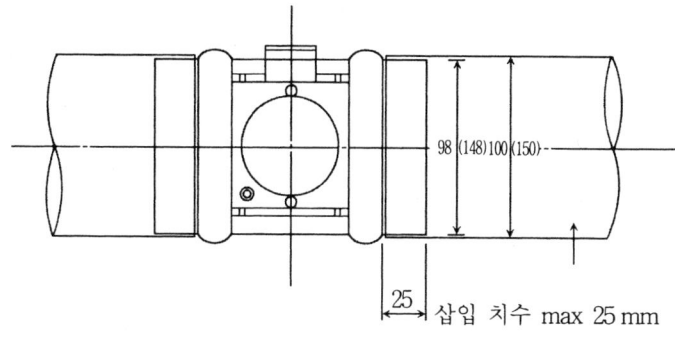

그림 12-9

전동 댐퍼와 덕트의 접속은 댐퍼의 구조에 따라 삽입 치수를 max 25로 한다.

c) 덕트의 행거(hanger) 지지

가. 행거 지지 간격 및 행거 금속구(JIS A 4009)

표 12-3

덕트의 지름 [mm]	행거 금속구			지지 금속구	
	평강	봉강	최대 간격	산형강	최대 간격
$\phi 150$	행거 밴드 또는 공판	8 mm 이상	3 mm	25×25×3 mm	3.6 m
$\phi 100$					

나. 지지 방법
 1) 유틸리티 환기 덕트
  PC 바닥에 매입된 10φ의 인서트에서 **그림 12-10**과 같은 행거 볼트를 사용하여 행거 밴드로 지지한다.

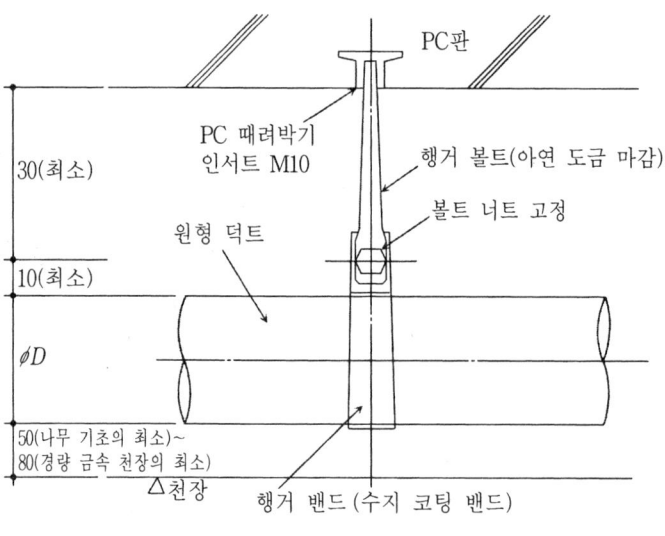

그림 12-10

단, 행거 밴드에 수지 코팅을 한 것을 사용할 경우에는 녹 방지 테이프는 필요하지 않다.
 2) 주방 배기 덕트

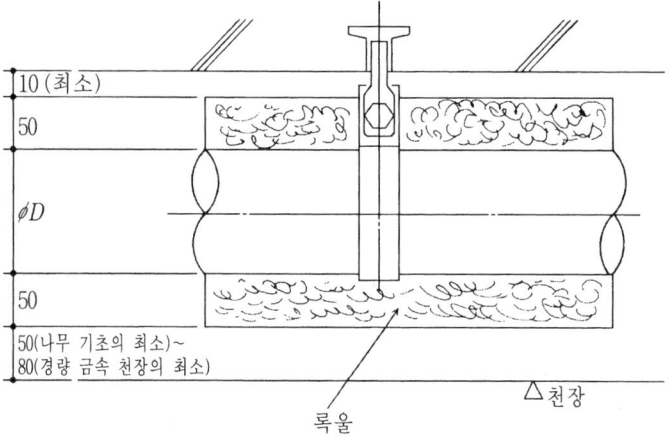

그림 12-11

d) 레지스터의 설치

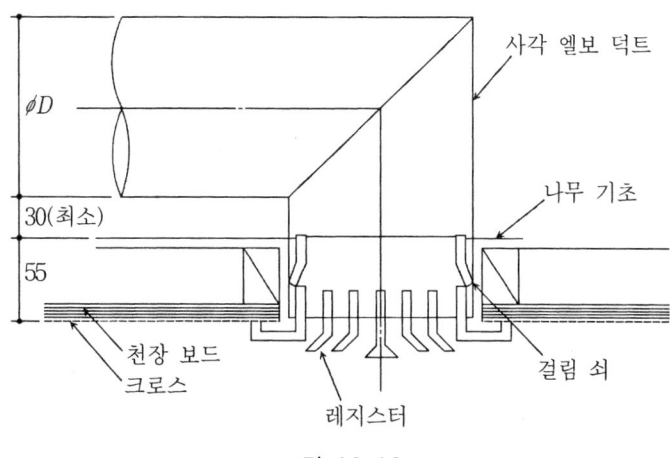

그림 12-12

레지스터의 조를 벌려 천장면의 덕트에 삽입하고 고정한다.

e) 배기 톱의 설치

덕트와 외벽의 주위는 코킹을 하고, 배기 톱은 덕트에 삽입하여 판 스프링에 의해 지지되도록 한다.

상부에 발코니가 있는 경우에는 덕트를 외부 방향으로 다소 내림 구배를 한다.

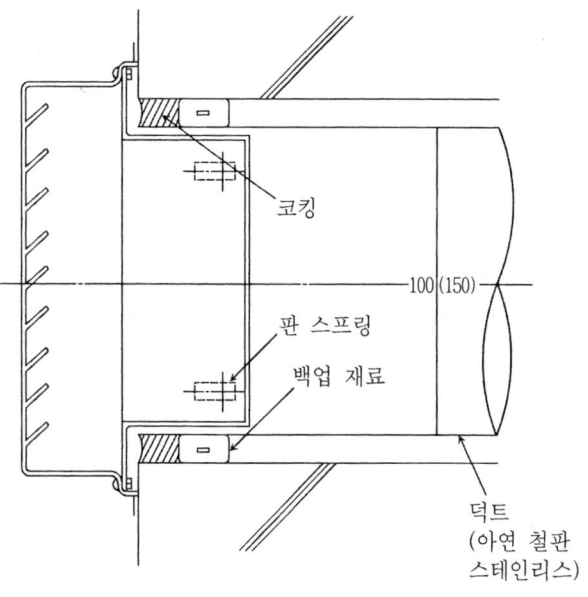

그림 12-13

〔4〕 덕트의 저항 계산법	별표-1 덕트용 환기 팬의 덕트 저항 계산법
	덕트 저항은 다음 식에 의해 구한다. 　　덕트 저항 $p\,[\text{mmAq}] = \lambda \times \gamma/2g \times L/D \times V$ 여기에서, λ : 덕트의 관 마찰 계수(0.01~0.04) 　　　　　g : 중력 가속도 $(9.8\,\text{kg/m}\cdot\text{s}^2)$ 　　　　　γ : 공기의 비중량 $[\text{kg/m}^3]$ 　　　　　L : 덕트 길이 [m] 　　　　　D : 덕트 지름 [m] 　　　　　V : 덕트 내 풍속 [m/s] 　　　　　　$V = Q/D^2 \times 4/60\pi$　　(Q : 풍량 $[\text{m}^3/\text{min}]$) 여기에서, $\lambda=0.02$ (아연 스파이럴 덕트의 경우), $g=9.8$, $\gamma=1.28$을 대입하면 　　$p = 0.02 \times 1.28/(2 \times 9.8) \times L/D \times (Q/D^2 \times 4/60\pi)$ 로 된다. 　또한 덕트 지름의 수치를 대입하여 식을 간략화하면, p는 다음과 같이 된다. 　　$p = 0.0588 \times LQ^2$　(덕트 지름 10 cm) 　　$p = 0.01928 \times LQ^2$　(덕트 지름 12.5 cm) 　　$p = 0.00774 \times LQ^2$　(덕트 지름 15 cm)
	덕트 저항 집합표
	계통명 풍　량　　　　　　　　$[\text{m}^3/\text{min}]$ 덕트 사이즈 　　　　　　　　　직관 상당 길이 　　직관 길이 　　　　1　　　　　　　　　　　　　　　　　　　　　m 원형 곡관 90°　　등가 길이 계수 $R/D=1.0$　　　15 $D \times$ 개수　　　　　　　　　　　m 원형 곡관 45°　　등가 길이 계수 $R/D=0.5$　　　22 $D \times$ 개수　　　　　　　　　　　m $R/D=0.75$　　 12 D　　　　　　　　　　　　　　m $R/D=1.0$　　　 8 D　　　　　　　　　　　　　　m 벤트 캡류　　　　　　　　　　　　　　　　　　　　m 외부 풍속 등　　　　　　　　　　　　　　　　　　m 　　　　　　　합계 상당 길이　　　　　　　　　　m 　　덕트 지름의 계수　상당 길이 [m]　풍량 $[\text{m}^3/\text{min}]$ 　※ $p=0.$　　0.0　　×　　　　　×　　　　　=　　mmAq 　　　　　　　　　　　　　　　　　합계 저항　　　mmAq

[5] 레인지 후드의 환기량 계산법

별표-2 레인지 후드의 환기량 계산법

■ 이론 폐가스량에 의한 환기량의 계산 예

배기 후드 I형 사용의 경우
$$V = 30\,KQ$$
여기에서, V : 환기량 [m³]
K : 이론 폐가스량 [m³/kcal]
또는 [m³/kg]
Q : 발열량 [kcal]
연료 소비량 [kg]

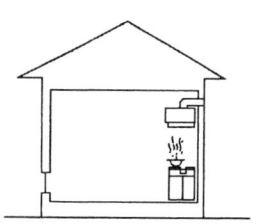

필요 환기량[m³/h]=30×이론 폐가스량[m³]×연료 소비량* [kcal/h]
* 도시가스 ··· kcal/h, LP 가스 (프로판 주체) ··· m³ 또는 kg/h
(부엌의 국소 환기용 레인지 후드는 모두 이 계산에 기준한다)

● 불을 사용하는 부엌 등이 주체이지만, 거실에서도 개방형의 연소 기구를 사용할 경우 등 조건에 따라 이에 준하는 것이 바람직하다.
<계산 예> 3구 풍로와 4호 열탕기를 사용하는 부엌의 경우
● 3구 풍로, 연료 소비량(1.6 m³/h)의 필요 환기 풍량 V_1(후드 I형 사용의 경우)
$V_1 = 30\,KQ = 30 \times 0.00108\,\text{m}^3/\text{kcal} \times 11.6\,\text{m}^3/\text{h} \times 5000\,\text{kcal/m}^3 = 259.2\,\text{m}^3/\text{h}$
$K = 0.00108\,\text{m}^3/\text{kcal}$
$Q = 1.6\,\text{m}^3/\text{h} \times 5000\,\text{kcal/m}^3 = 8000\,\text{kcal/h}$, 도시가스 6B 사용 (5000 kcal/m³)
● 4호 열탕기, 연료 연소량(1.6 m³/h)의 필요 환기 풍량 V_2(후드가 없는 경우)
$V_2 = 40\,KQ = 40 \times 0.00108\,\text{m}^3/\text{h} \times 1.6\,\text{m}^3/\text{h} \times 5000\,\text{kcal/m}^3 = 345.6\,\text{m}^3/\text{h}$
따라서, 전 필요 환기 풍량 V는
$V = V_1 + V_2 = 259.2 + 345.6 = 604.8\,\text{m}^3/\text{h}$

따라서, 여유는 있지만 일반 주택용·저 정압형 FY-60HC1(풍량 : 828/900 m³/h)를 선정하면 된다. 중고층 주택의 경우에는 고 정압형 FY-60HL2(풍량 : 618/576 m³/h)와 전체 환기용에 FY-24B2/31(풍량 : 138/132 m³/h)을 선정한다(단, 중고층 주택의 경우는 덕트의 저항 손실도 충분히 고려할 필요가 있다).

■ 이론 폐가스량 K (도쿄 가스)

연료의 종류	이론 폐가스량 [m³/kcal]	단위당 발열량 [kcal/m³]
도시가스 13A	0.00108	11000
도시가스 12A	0.00108	9500
도시가스 6B	0.00108	5000
도시가스 4B	0.00108	3600
부탄·에어가스	0.00108	7000
L P 가스 (프로판 주체)	12.9 m³/kg	12000 kcal/kg
등 유	12.1 m³/kg	10300 kcal/kg

■ 가스 기구와 연료 소비량(참고값) (도쿄 가스)

가스 기구			연료 소비량	1시간당 발열량 [kcal/h]
도시가스 (6B)	풍로	1구	0.5 m³/h	2500
		2구	1.1 m³/h	5500
		3구	1.6 m³/h	8000
	열탕기	4호	1.6 m³/h	8000
		5호	2.0 m³/h	10000
	가스솥	1 l	0.22 m³/h	1100
		2 l	0.31 m³/h	1550
프로판 가스	풍로	1구	0.18 kg/h	2160
		2구	0.4 kg/h	4800
		3구	0.65 kg/h	7800
	열탕기	4호	0.56 kg/h	6720
		5호	0.65 kg/h	7800
	가스솥	1 l	0.12 kg/h	1440
		2 l	0.16 kg/h	1920

〔6〕 주택 내의 덕트도 그리는 방법	a) 발코니와 배기 톱의 확인·주의 사항 발코니와 배기 톱의 마무리 1. 가) 및 나) 부분의 슬래브 두께의 확인 2. 다)의 간격은 30 mm 정도로 한다. 3. 라) 보 관통의 높이와 배기 톱의 형상 확인 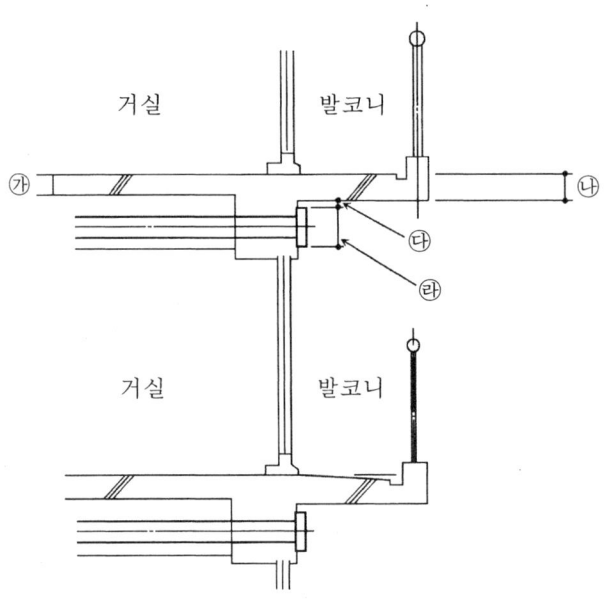 그림 12-14 b) 내림 바닥이 있는 경우의 덕트의 마무리 일반 바닥과 물 쓰는 곳 바닥의 내림이 있는 경우, 천장 내의 마무리 확인 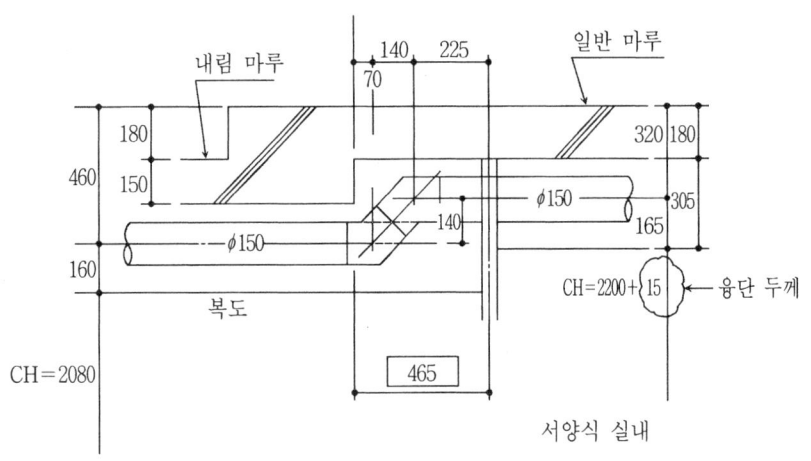 (칸막이의 위치와 덕트의 편심 폭을 체크) 그림 12-15

12·3 환기 설비도의 작성 및 주의할 점

c) 팬(fan) 및 덕트의 배치와 레벨의 기입 방법
물 쓰는 곳 바닥 주변의 덕트 배관도

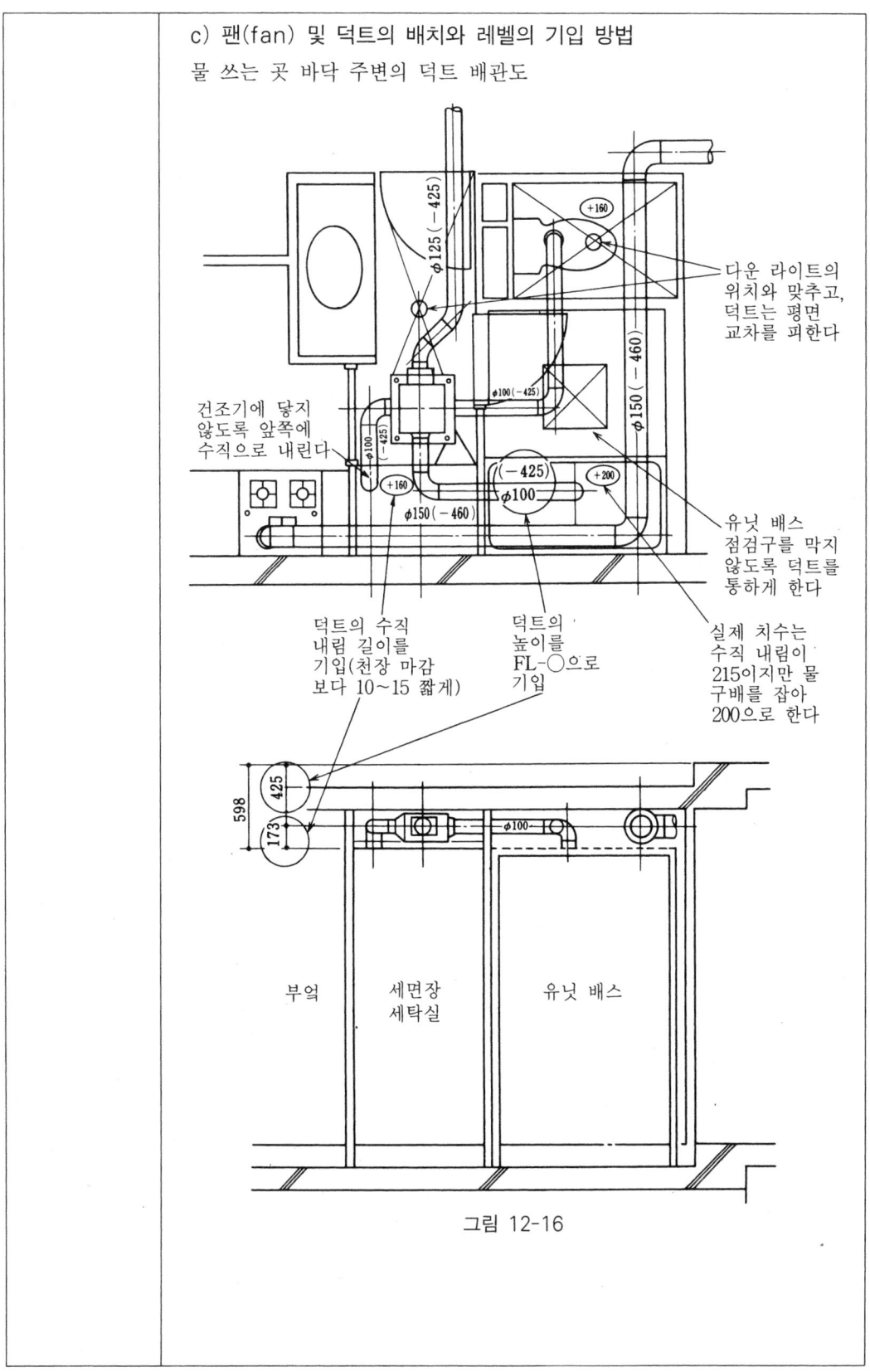

그림 12-16

[7] 덕트의 치수 기입 방법

a) 평면도의 치수선 끌어내기 순서와 주의 사항

가. 시공 순서가 빠른 쪽부터 바깥쪽으로 기입해 나간다.
　　(예 : 천장 내 팬의 위치가 기준이 되며 시공 순서도 가장 먼저이기
　　때문에, 반드시 중심선부터 기입해 나간다)

나. 각 기구의 수직 내림은 기기 중심부터 좌우로 기입해 나간다.

다. 가장 안쪽에 벽 마감에서의 기구 중심을 기입한다.

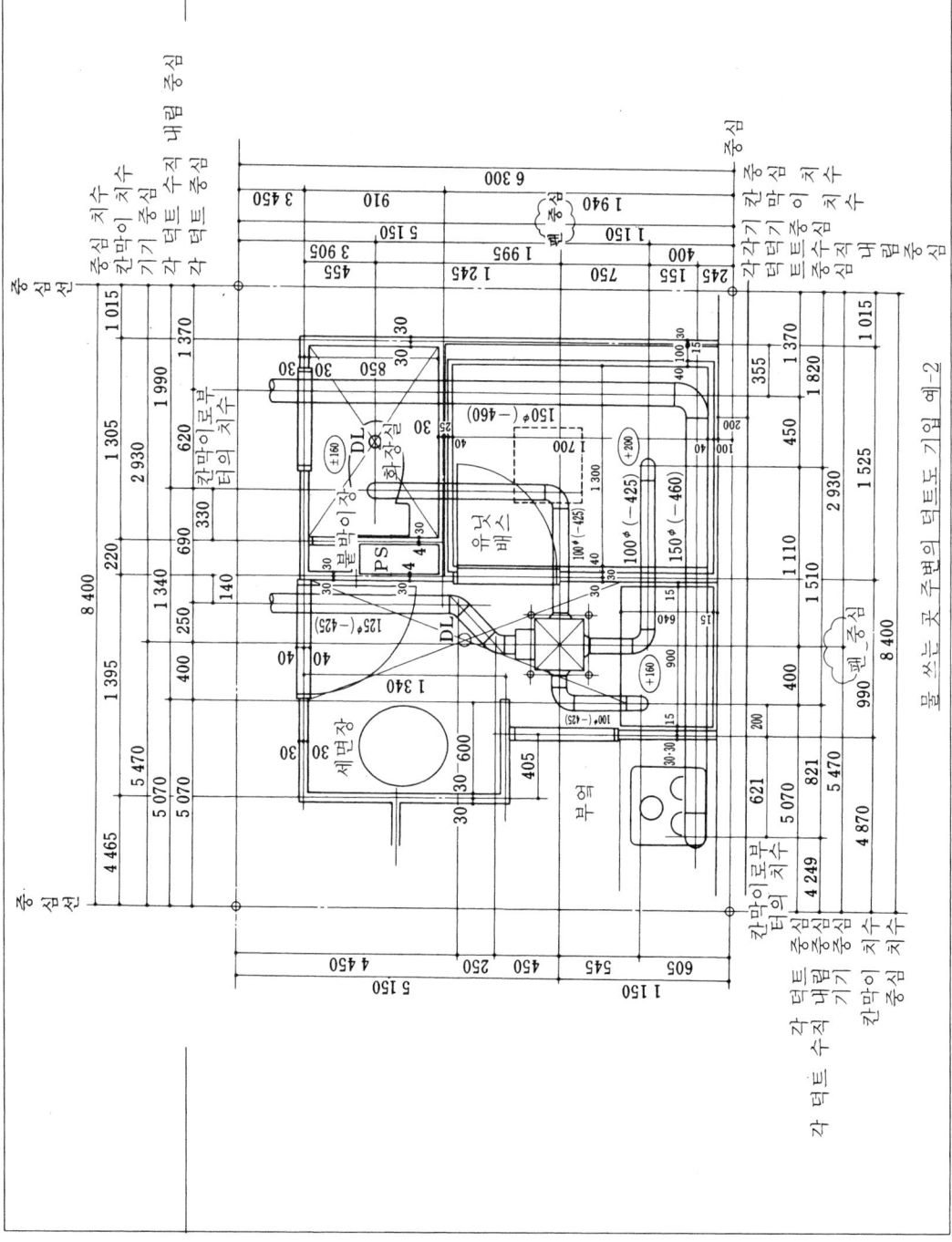

물 쓰는 곳 주변의 덕트도 기입 예-2

b) 단면도의 치수 끌어내기 순서와 주의 사항

가. 가장 바깥쪽에 층 높이를 기입한다.

나. FL부터 슬래브까지의 치수를 기입한다.

다. 천장 높이와 천장 내 유효 치수를 기입한다.

라. 팬 및 각 기구의 높이를 표시한다.

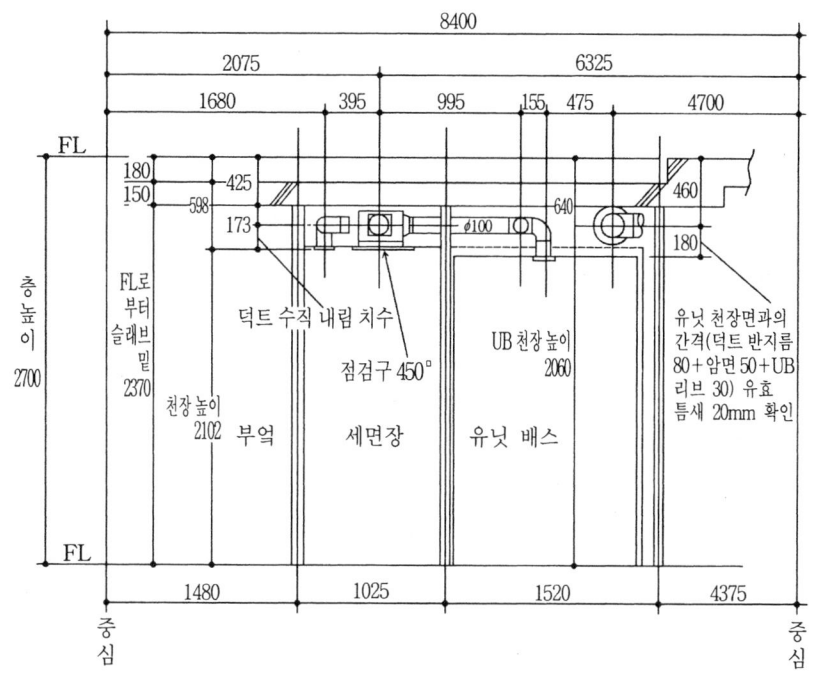

물쓰는 곳 주변 덕트의 단면도 기입 예-3

제13장 시공도 체크 리스트

도면 명칭		도면 번호		
체 크 항 목		작도자 인 /	체크자 인 /	특 기
건축 도면과의 대조	1. 기준 치수(평면·단면)는 올바른가			
	2. 바닥·벽·보의 두께·위치는 올바른가			
	3. 점검구의 위치·치수는 적절한가			
	4. 바닥·벽의 방수 공사는 있는가			
	5. 바닥 신더 콘크리트의 두께는 적당한가			
	6. 경량 칸막이 벽·블록 벽의 위치는 표시되어 있는가			
	7. 실명·바닥·천장 높이는 표시되어 있는가			
	8. 보 위에 대변기, 청소 싱크 등의 위생 기구가 설치되어 있지 않는가			
	9. 화장실·세면장에서 기구 접속 배관 스페이스가 확보되어 있는가			
	10. 싱크 뒤에 배관 스페이스가 잡혀 있는가			

제13장 시공도 체크 리스트

도면 명칭		도면 번호		
	체 크 항 목	작도자 인 /	체크자 인 /	특 기
슬 리 브 · 인 서 트 도 작 성 룰 과 의 대 조	1. 슬리브의 종류, 설비별 표시는 되어 있는가 2. 슬리브 사이즈는 적정한가(보이드 지름은 최소 80∅이상, 플랜지 지름, 보온 두께 고려) 3. 구조체(보, 내진벽 등)의 관통 슬리브의 최대 지름, 최소 피치는 확인되어 있는가 4. 슬리브 설치 치수는 표시되어 있는가 5. 방수층 관통부의 처리 방법은 도시되어 있는가 6. 예비 슬리브의 필요 여부를 확인하고 있는가 7. 인서트의 사이즈를 표시했는가 8. 인서트의 간격을 표시했는가 9. 최대 지지 간격 및 허용 하중을 초과하지 않았는가 10. 기기 반출입용 매달기 훅은 들어 있는가 11. 배관용 공배 구멍 개구의 위치·크기는 확인되어 있는가 12. 슬리브 및 개구부의 보강은 협의를 끝냈는가			

도면 명칭		도면 번호		
	체 크 항 목	작도자 인 /	체크자 인 /	특 기
기기의 배치와 스페이스	1. 반입 또는 반출에 지장은 없는가 2. 운전 및 보수 점검을 안전하고 용이하게 할 수 있는가 3. 시공 스페이스는 충분한가 4. 기기의 방진 대책은 고려되어 있는가 5. 수직형 기기의 전도 방지 대책은 검토되어 있는가 6. 기기 운전 중량에 의한 바닥 보강은 검토되어 있는가 7. 기기실 신더 콘크리트 필요의 유무 8. 타 설비와의 접속은 완료되어 있는가 9. 기기 반출입용 매달기 훅은 기기부에 있는가 10. 음료수용 탱크의 법규상 설치 치수에 만족하고 있는가 11. 저탕 탱크 코일 끌어내기 치수는 확보되어 있는가 12. 기기 제어반 문의 개폐 스페이스는 확보되어 있는가 13. 음료수용 탱크 상부에 음료수 이외의 관이 통과하지 않았는가 14. 고가 탱크로부터 최상층 세정 밸브로의 수압은 충분한가(대변기…, 소변기… 0.7 kgf/cm^2 이상) 15. 앵커 볼트의 고정 방법은 검토했는가 16. 고가 탱크로부터 소방용 보조 고가(高架) 수조로의 급수 낙차는 충분한가 17. 한랭지·적설지에서는 기기류가 실내 설치로 되어 있는가, 또 그밖의 대책은 되어 있는가			

도면 명칭		도면 번호		
체 크 항 목		작도자 인 /	체크자 인 /	특 기
배관도 작성 룰과의 대조	[공통] 1. 용도의 표시는 적정한가 2. 관 재료는 명기되어 있는가 3. 관 지름은 적정한가 4. 계통에 틀림은 없는가 5. 배관의 인접, 높이 치수는 읽기 쉽게 기입되어 있는가 6. 수직 올림·수직 내림 배관의 화살표는 올바른가 7. 상하층과의 연결은 올바른가 8. 인접된 도면과의 연결은 올바른가 9. 배관 간격은 시공·보온 두께를 고려하고 있는가 10. 엘리베이터 기계실에 배관이 지나가지 않는가 11. 컴퓨터실, 전기실 등에 배관되어 있지 않은가 12. 방화 구획의 관통 처리는 검토되어 있는가(관, 일본식 변기, 소화전 박스, 각종 트랩류) 13. 배관 경로에 낭비는 없는가 14. 이종(異種) 금속부의 이음 재료는 표시되어 있는가 15. 지지 방법은 적절한가 16. 수직관 최하부는 배관 중량에 충분히 견딜 수 있는 구조인가 17. 관 종류별에 따른 구배는 적절한가 18. 보수·점검용 밸브는 용이하게 조작할 수 있는가 19. 가요(可撓) 이음·신축 이음의 설치 위치 및 고정 방법은 적절한가 20. 에어 굄의 배관으로 되어 있지 않은가(되어 있으면 대책 강구) 21. 최상층 기구의 필요 수압은 있는가 22. 최하층의 기구에 걸리는 수압은 이상하게 높지 않은가 23. 급수 수직관의 최하부에 물빼기 밸브를 설치했는가 24. 양수기는 보기 쉬운 위치인가			

도면 명칭		도면 번호		
	체 크 항 목	작도자 인 /	체크자 인 /	특 기
배관도 작성 룰과의 대조	25. 음료수 탱크 주변 배관에서 사수(死水) 대책은 고려되어 있는가(급수의 입구와 출구, 배수 밸브의 설치 위치)			
	26. 음료수 탱크의 토출구 공간은 규정대로 되어 있는가			
	27. 음료수 탱크 이외의 상수 급수 방식은 간접 급수인가			
	28. 음료수 탱크는 이조(二槽)식으로 되어 있는가(청소시의 단수 예방)			
	29. 단수시를 위한 직결 급수는 고려되어 있는가			
	30. 하수 본관과 옥내 최종 수채통까지의 레벨 차는 확인되어 있는가			
	31. 배수조의 통기는 단독으로 되어 있는가			
	32. 청소구는 필요 장소에 있는가			
	33. 이중 트랩의 계통은 없는가			
	34. 배수조 펌프 반출입용 맨홀의 크기는 검토되었는가			
	35. 옥내 소화전 박스는 반경 25 m 이내의 수평 거리로 배치되어 있는가			
	36. 송수구의 위치는 사전 협의가 된 것인가			
	37. 송수구의 물빼기는 마련되어 있는가			
	38. 연결 송수관 방수구는 계단실에서 5 m 이내, 높이는 0.5~1.0 m 이내인가			
	39. 옥내 소화전은 1.7~7.0 kgf/cm^2 범위의 방수 압력인가			
	40. 기구 설치에 대한 설치면의 보강, 고정 금속구는 검토되어 있는가(CB, 나무, 경량 칸막이 등)			
	41. 천장 내 배관 설치는, 타 설비와 협의가 되어 있는가			
	42. 천장 내 배관의 유효 스페이스는 천장 기초의 두께와 매입형 조명 기구를 고려했는가			
	43. 천장 내 배관의 유효 스페이스는 밸브, 플랜지 등의 돌출물을 고려했는가			
	44. 매설하는 배관에 대한 부식 검토는 되어 있는가			
	45. 각종 위생 기구의 명칭 및 설치 높이는 도면에 표시되어 있는가			

시공도 샘플

다음 페이지부터 이 책에서 나타낸 이미지와 같은 규모의 사무실 빌딩 시공도를 기재하였다.

이 책을 위해서 작성한 것이 아니기 때문에 그리는 방법 등에 다소 차이가 있는 점을 양해하기 바란다.

이 샘플은 급배수 위생 설비의 대표적인 예인 지하 기계실, 옥탑 기계실도, 일반 천장 배관도, 화장실·열탕실 상세도, 외장도의 시공도이다. 건물이 달라도 시공도의 기본은 같으므로 응용이라 생각하면 좋을 것이다.

초심자가 조기에 시공도를 그릴 수 있게 되려면, 이 책의 작도 기본을 마스터한 후에 시공도를 직접 그려보아야 한다. 그럼으로써 응용도 할 수 있고 실천적인 시공도가 될 수 있을 것이다. 또 숙련되면 작도 이전에 현장 시공의 이미지가 가능하고 그것을 시공도에 표현할 수 있다.

시공도 샘플

(1) 지하층 기계실의 배관 평면도 ·· 150, 151
(2) 지하층 기계실의 배관 단면도 ·· 152, 153
(3) 천장 배관 평면도 ·· 154, 155
(4) 화장실 주변의 배관 상세도·단면도 ································ 156, 157
(5) 화장실 주변의 기구 배치도·측면도(타일 레이아웃도) ······ 158, 159
(6) 열탕실 배관 상세도·단면도 ·· 160, 161
(7) 고가 탱크 주변의 배관 평면도 ·· 162, 163
(8) 고가 탱크 주변의 배관 단면도 ·· 164, 165
(9) 외장 배수관의 평면도·단면도 ·· 166, 167

(1) 지하층 기계실의 배관 평면도

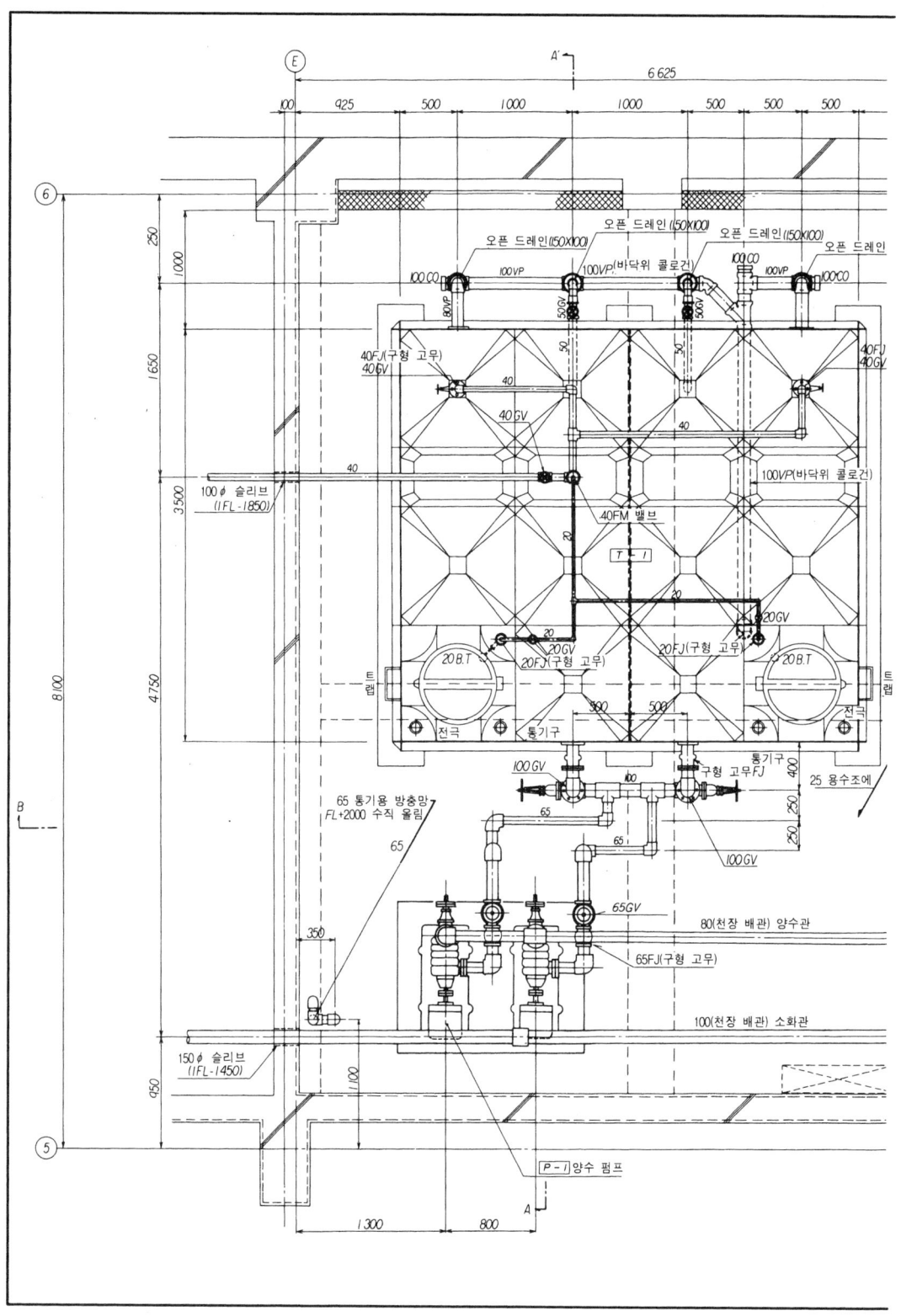

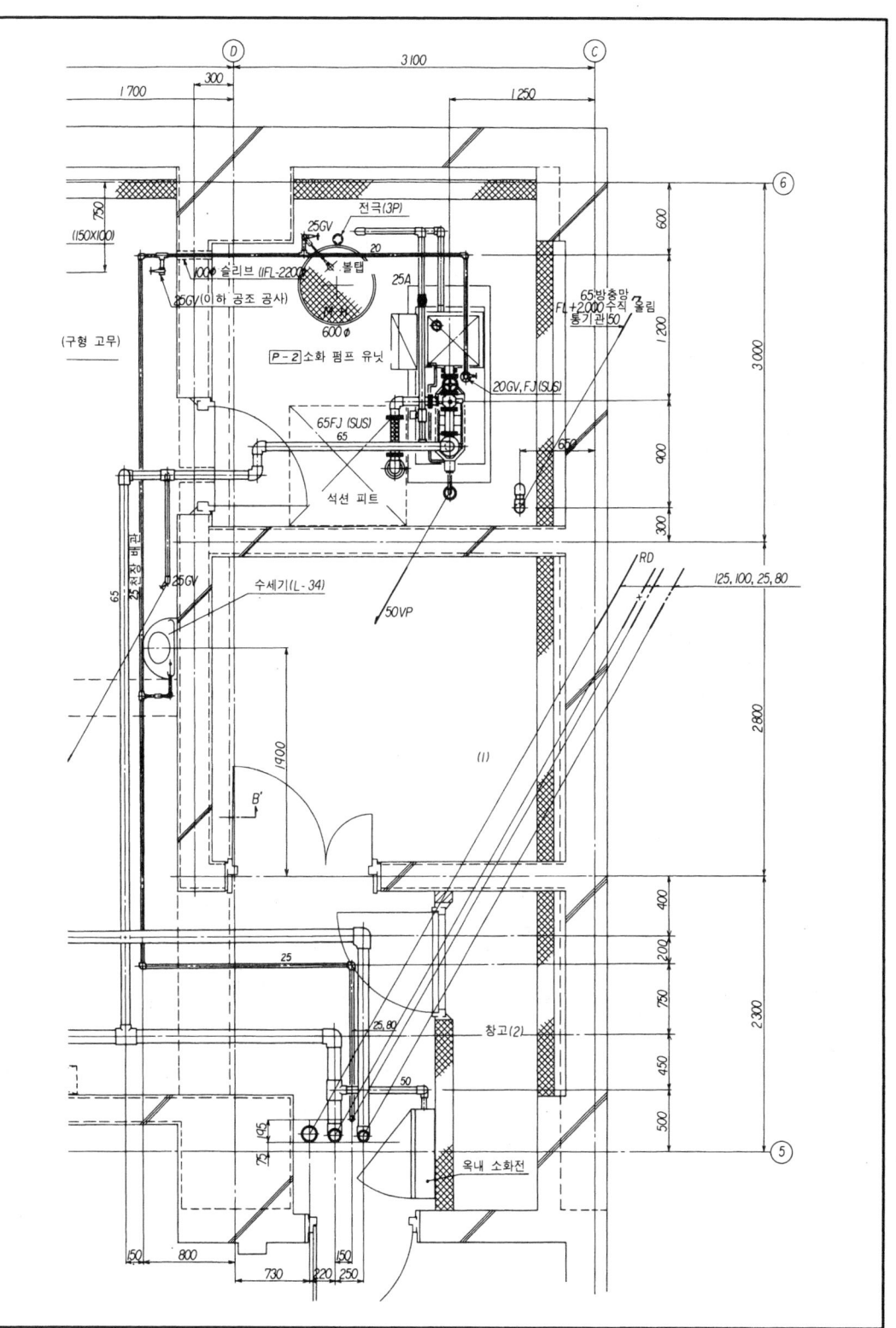

(2) 지하층 기계실의 배관 단면도

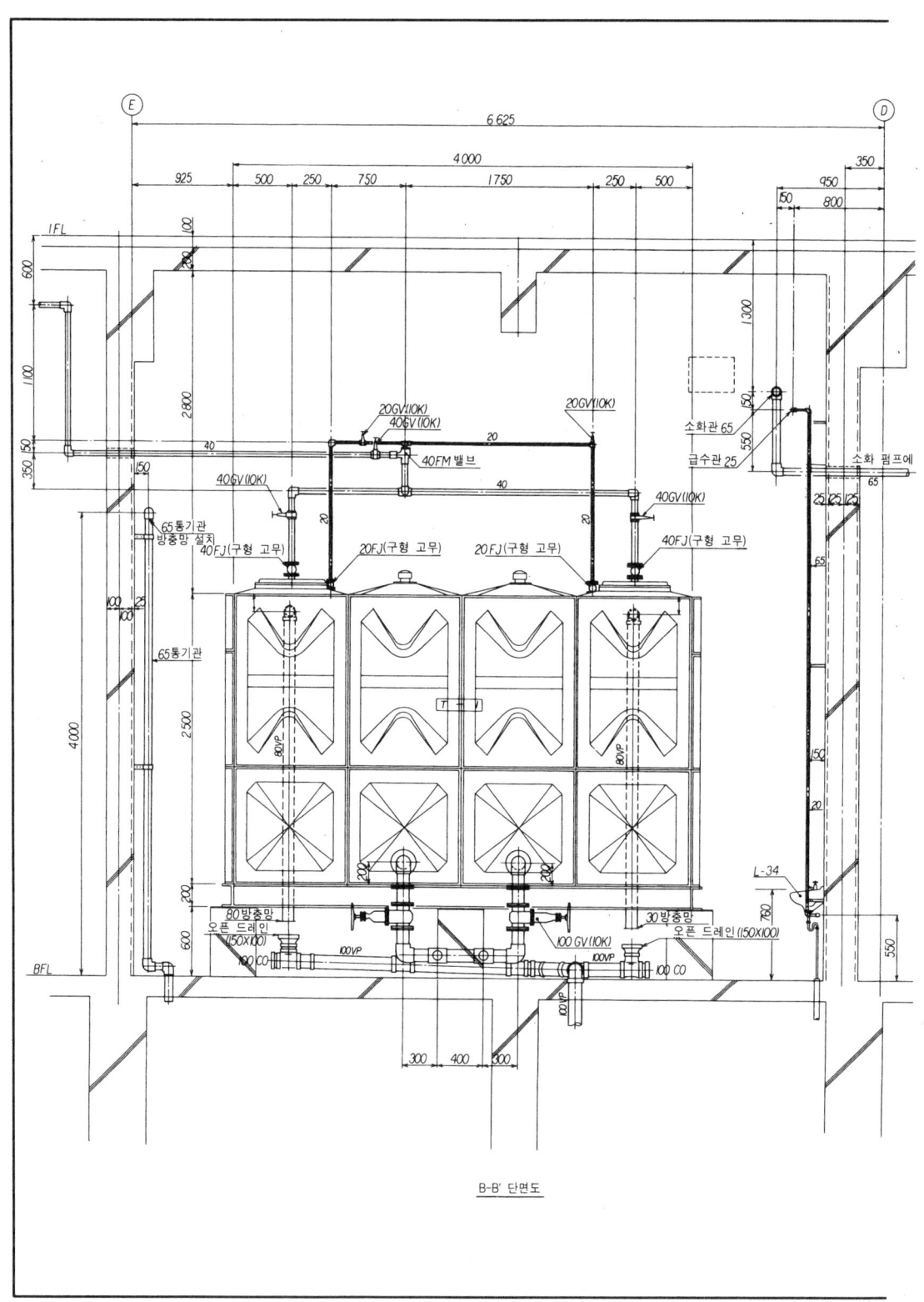

B-B' 단면도

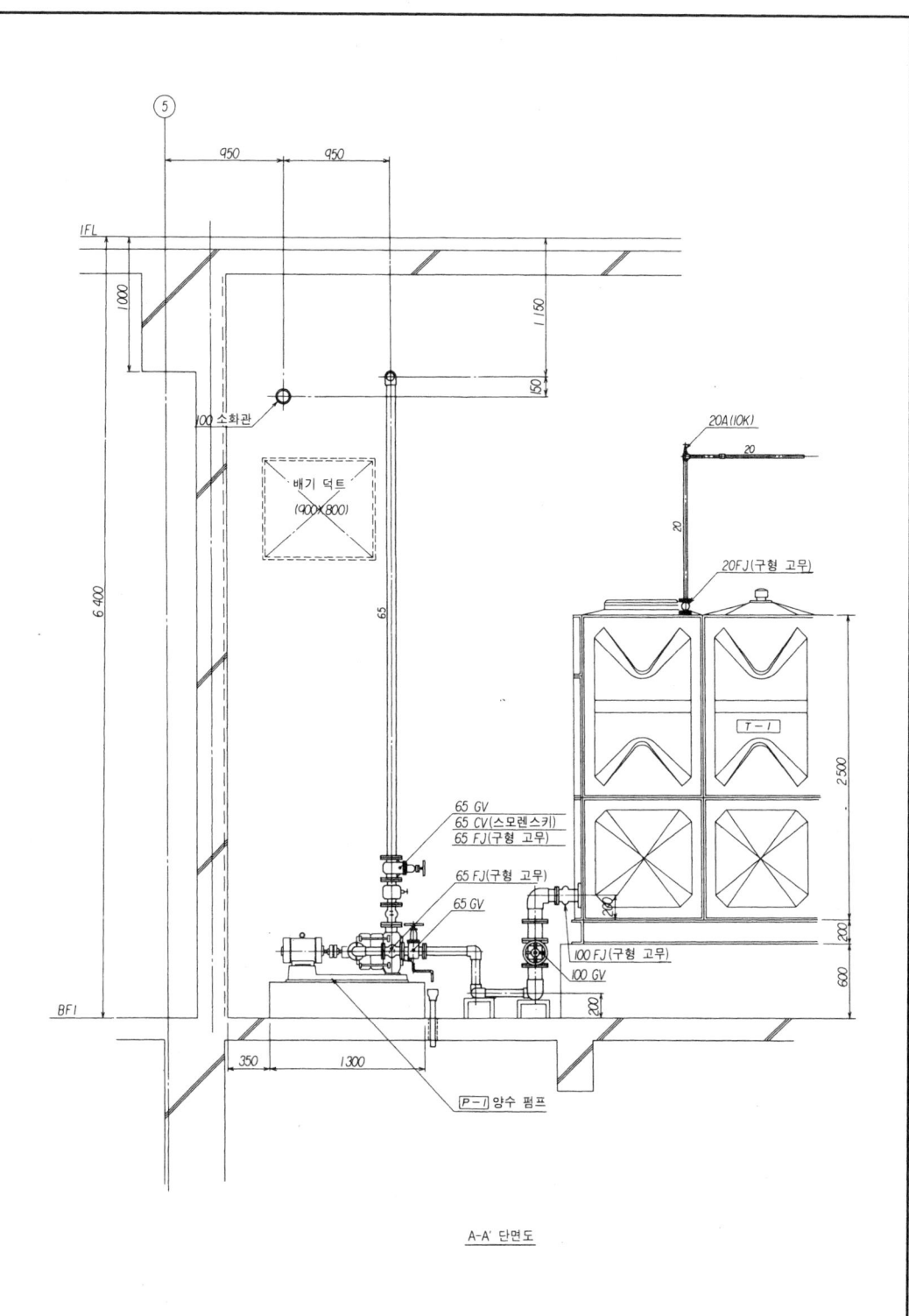

A-A' 단면도

(3) 천장 배관 평면도

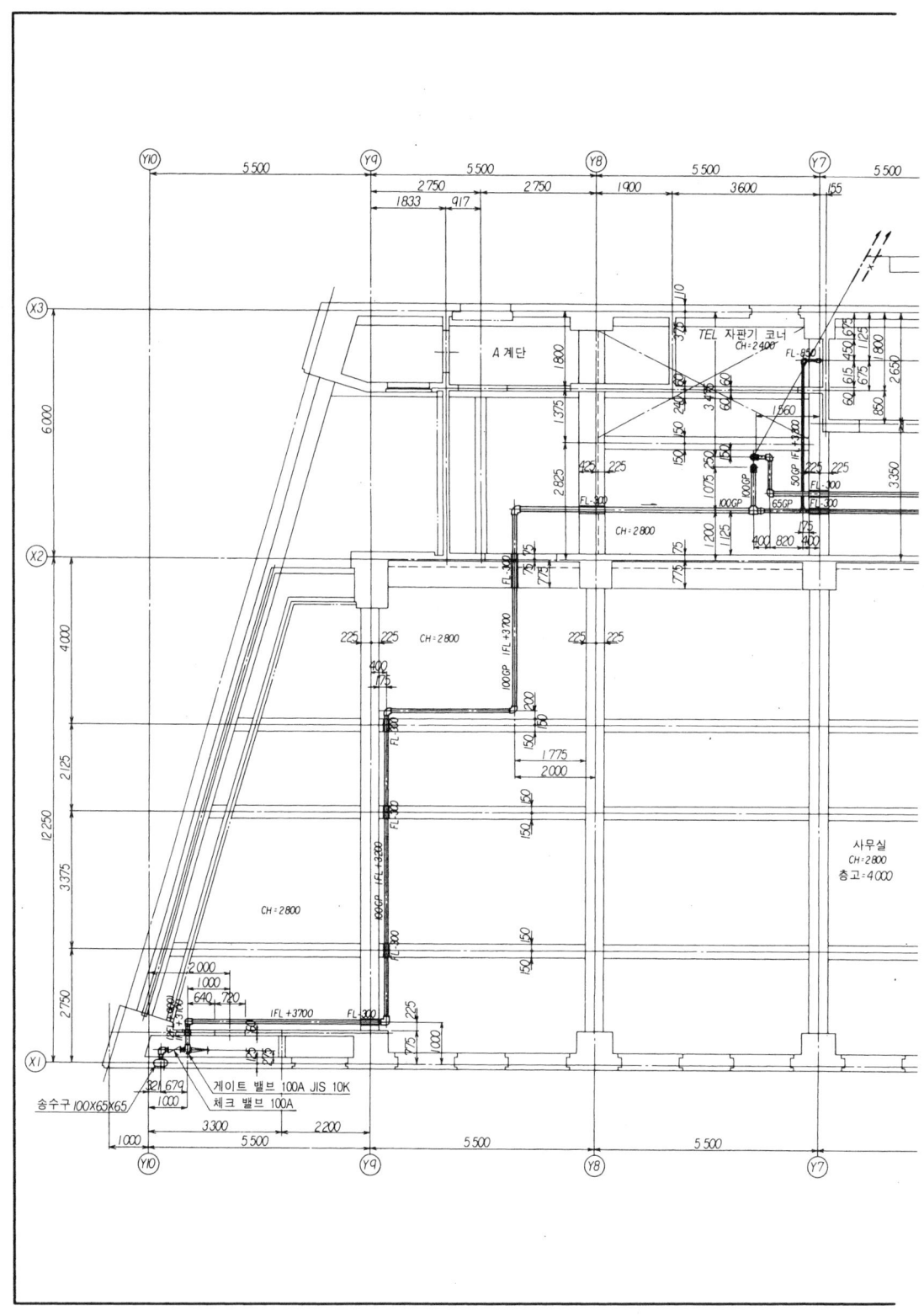

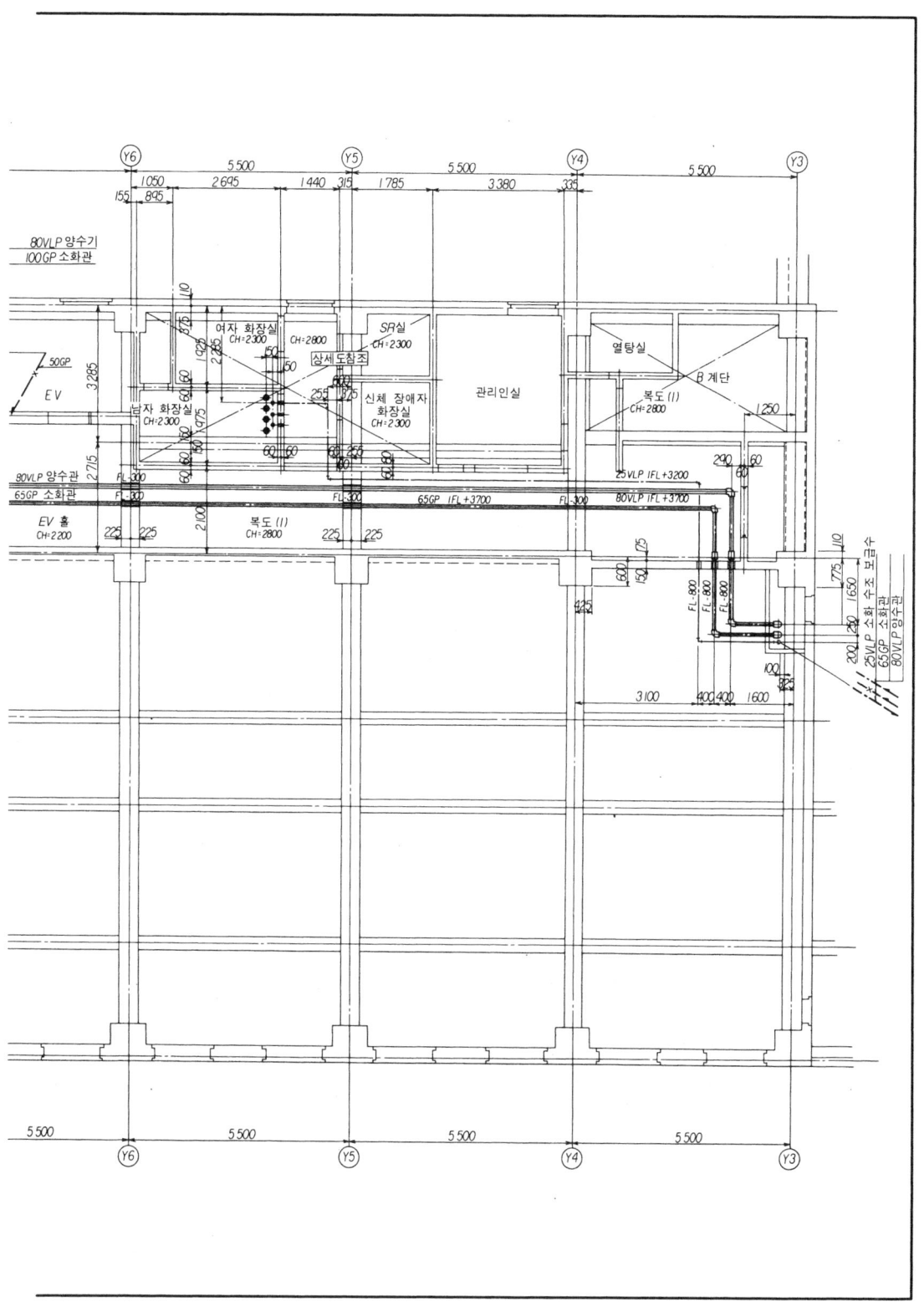

(4) 화장실 주변의 배관 상세도·단면도

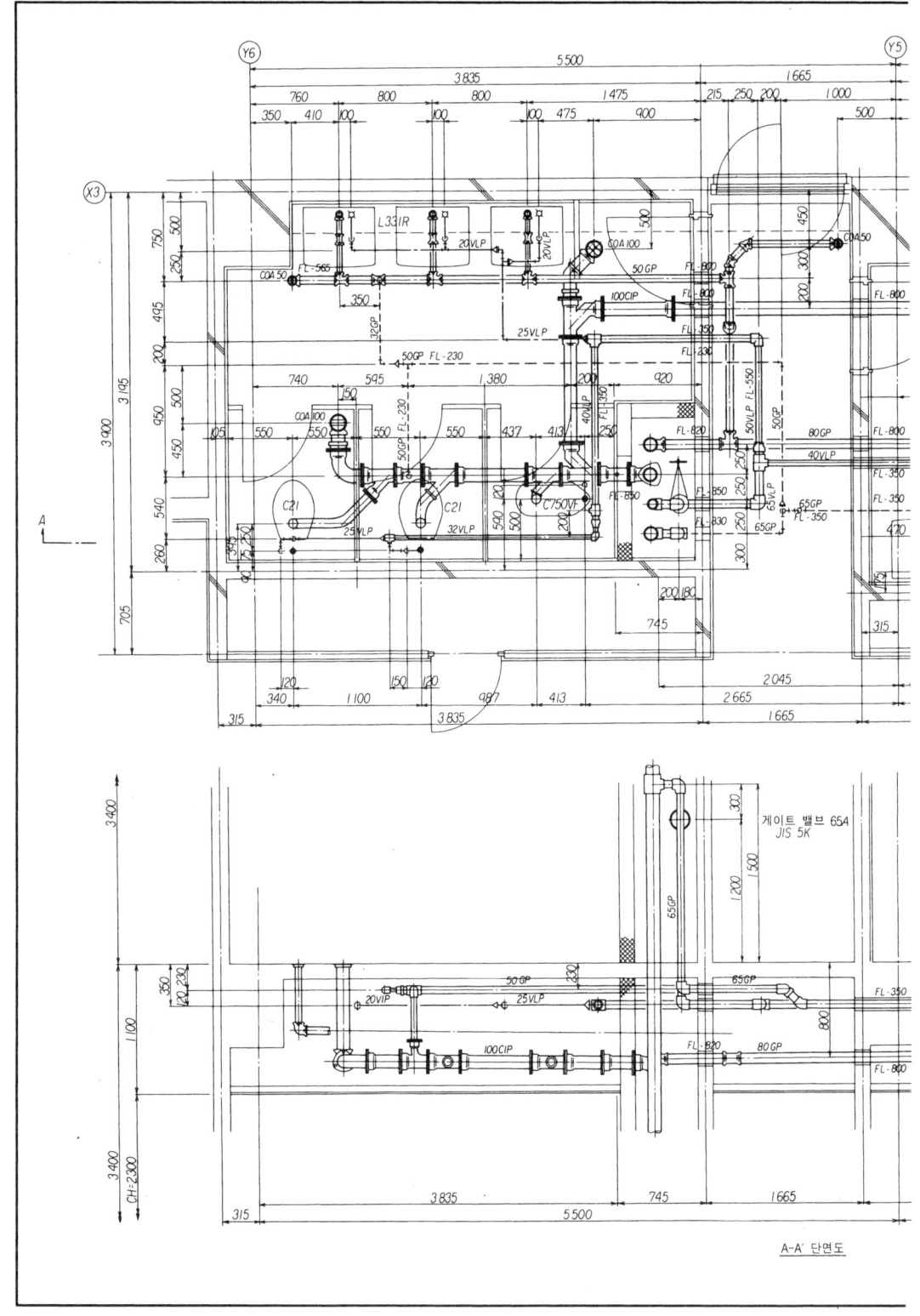

A-A' 단면도

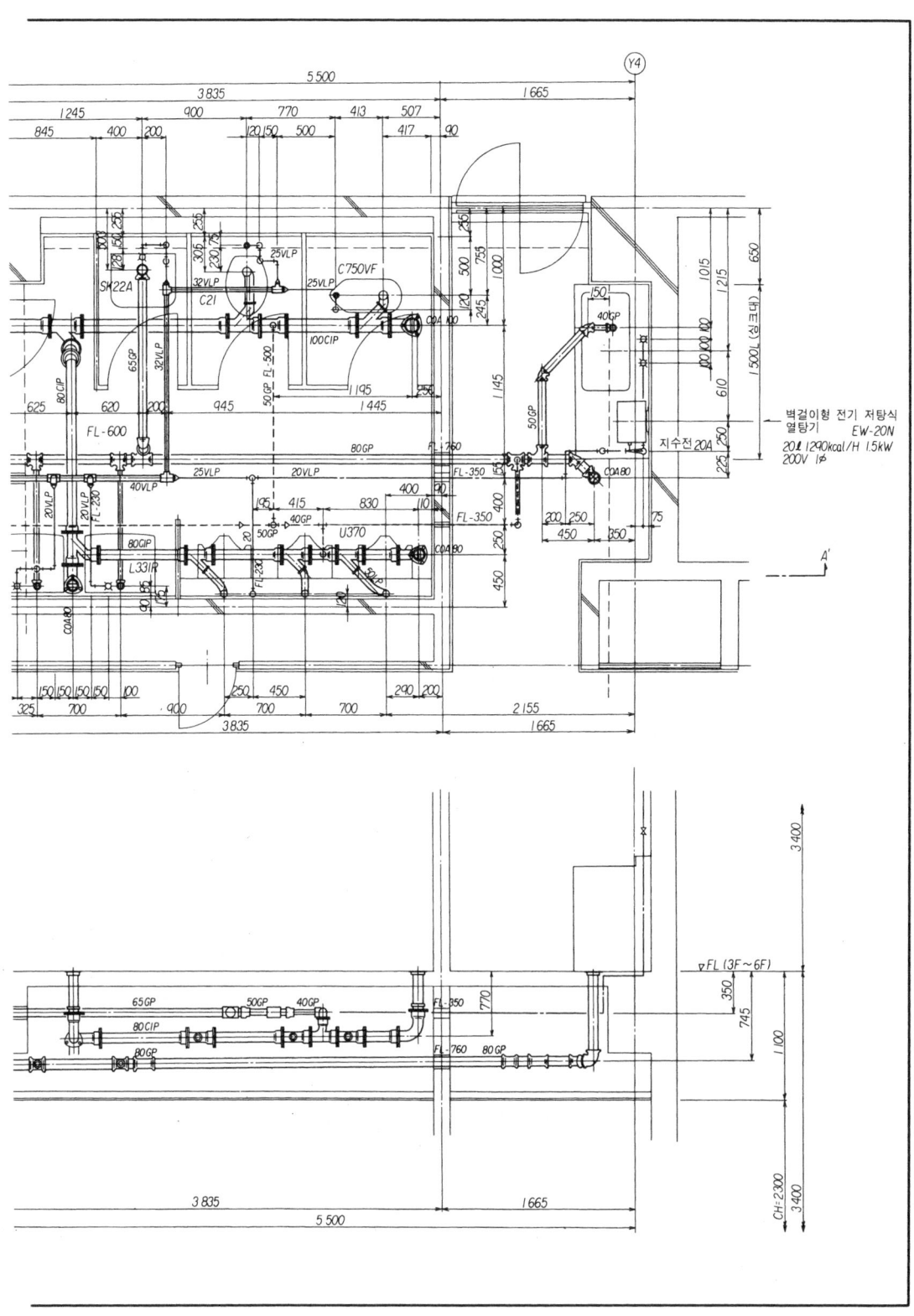

(5) 화장실 주변의 기구 배치도·측면도(타일 레이아웃도)

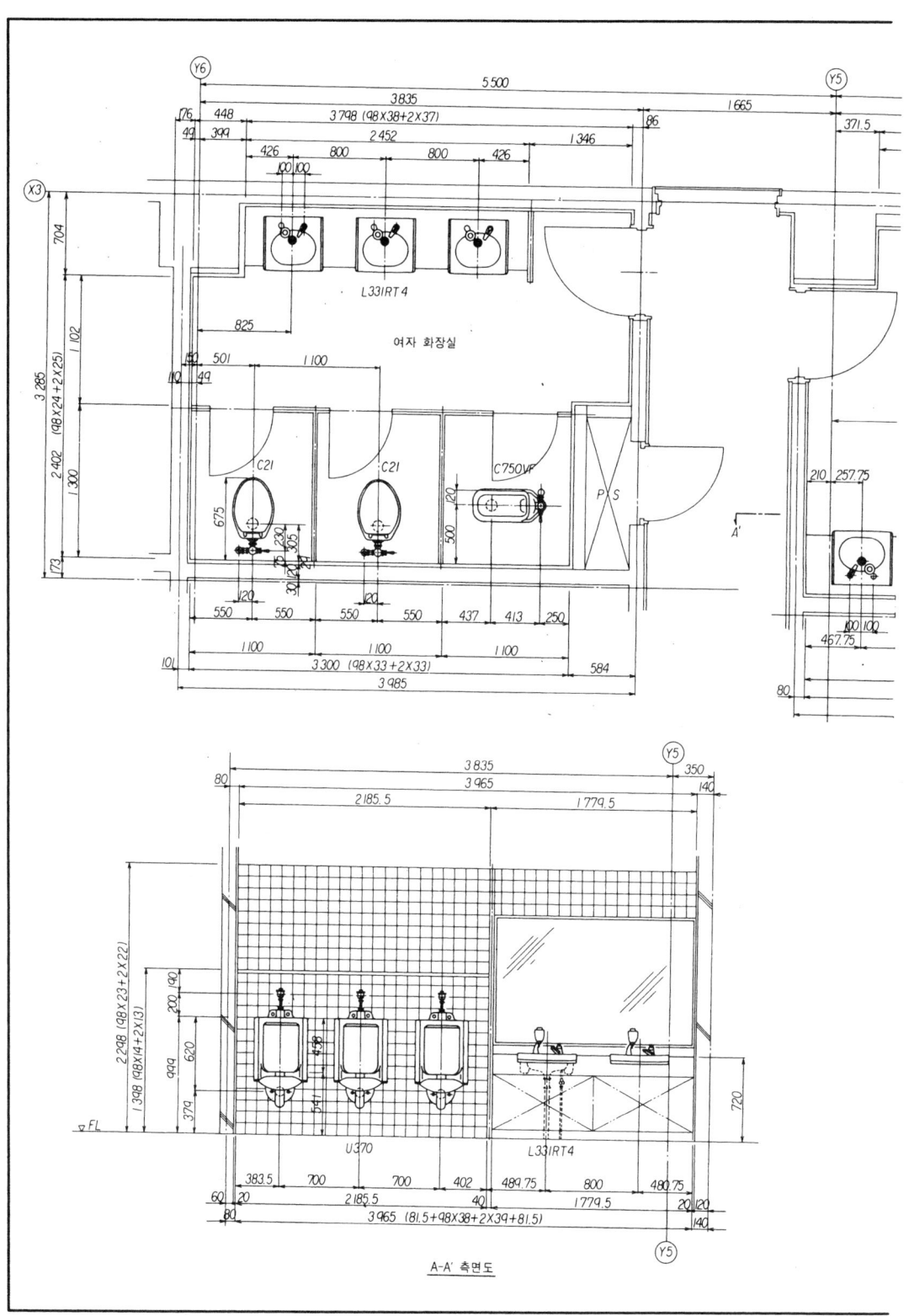

A-A' 측면도

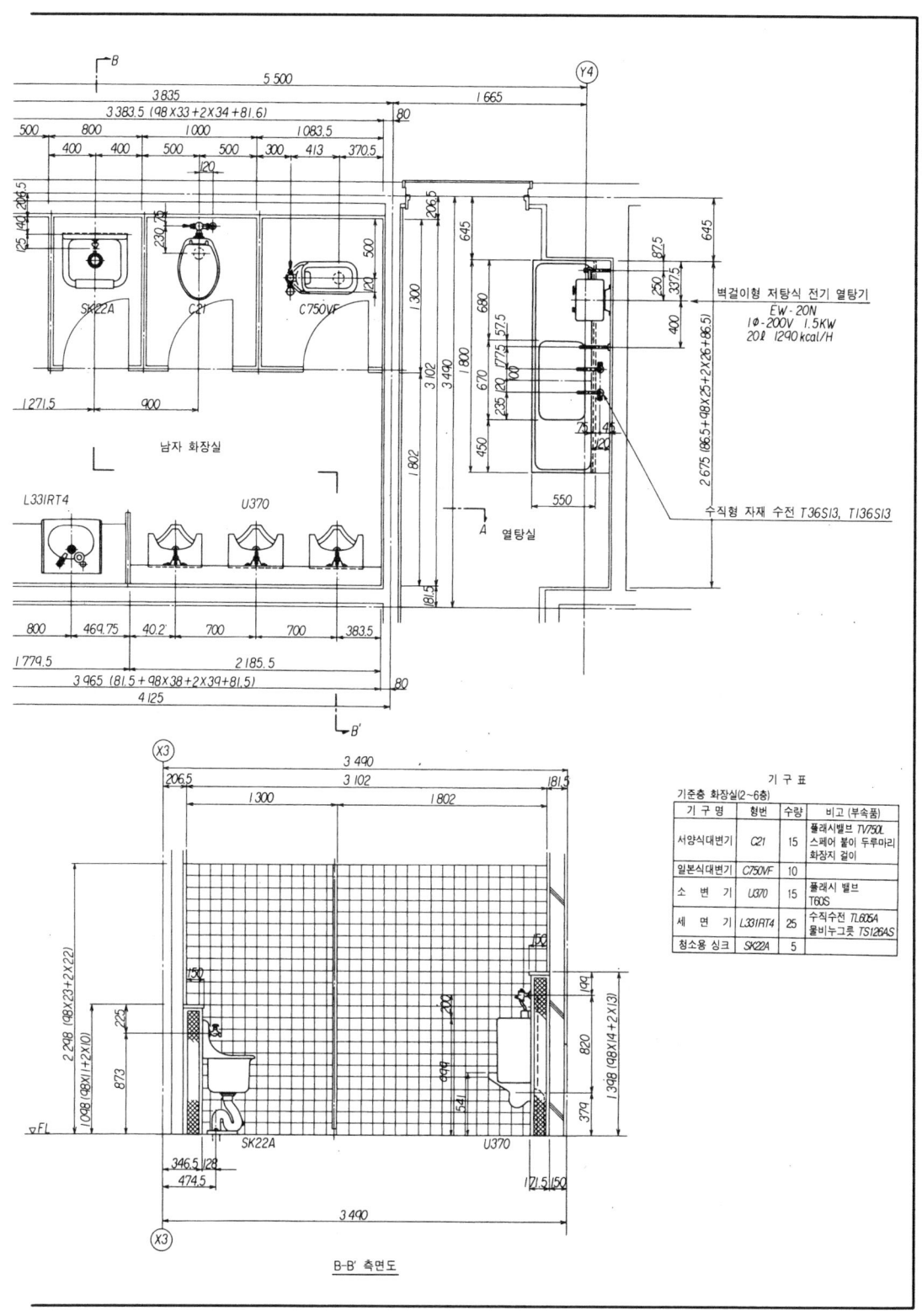

B-B' 측면도

(6) 열탕실 배관의 상세도·단면도

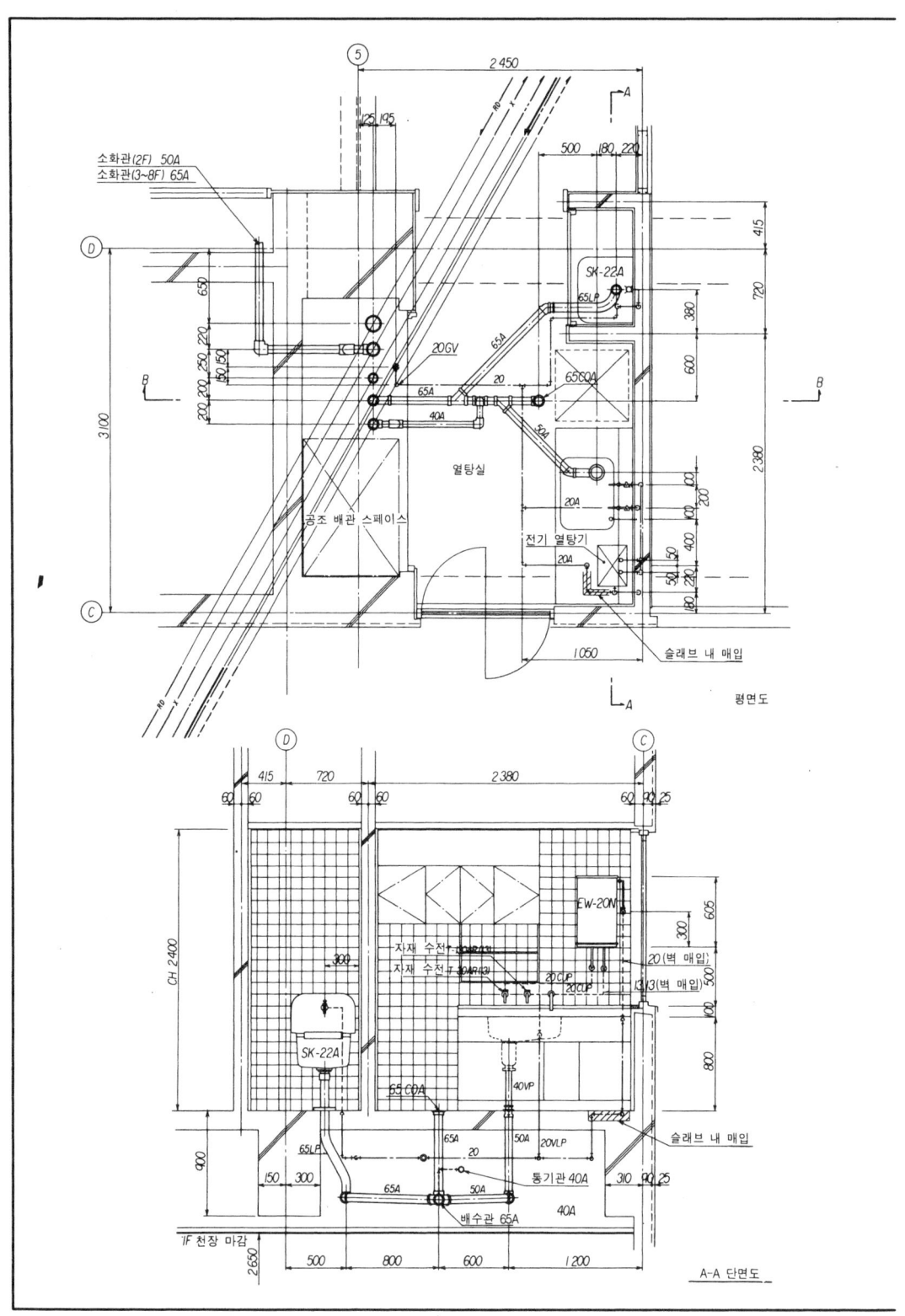

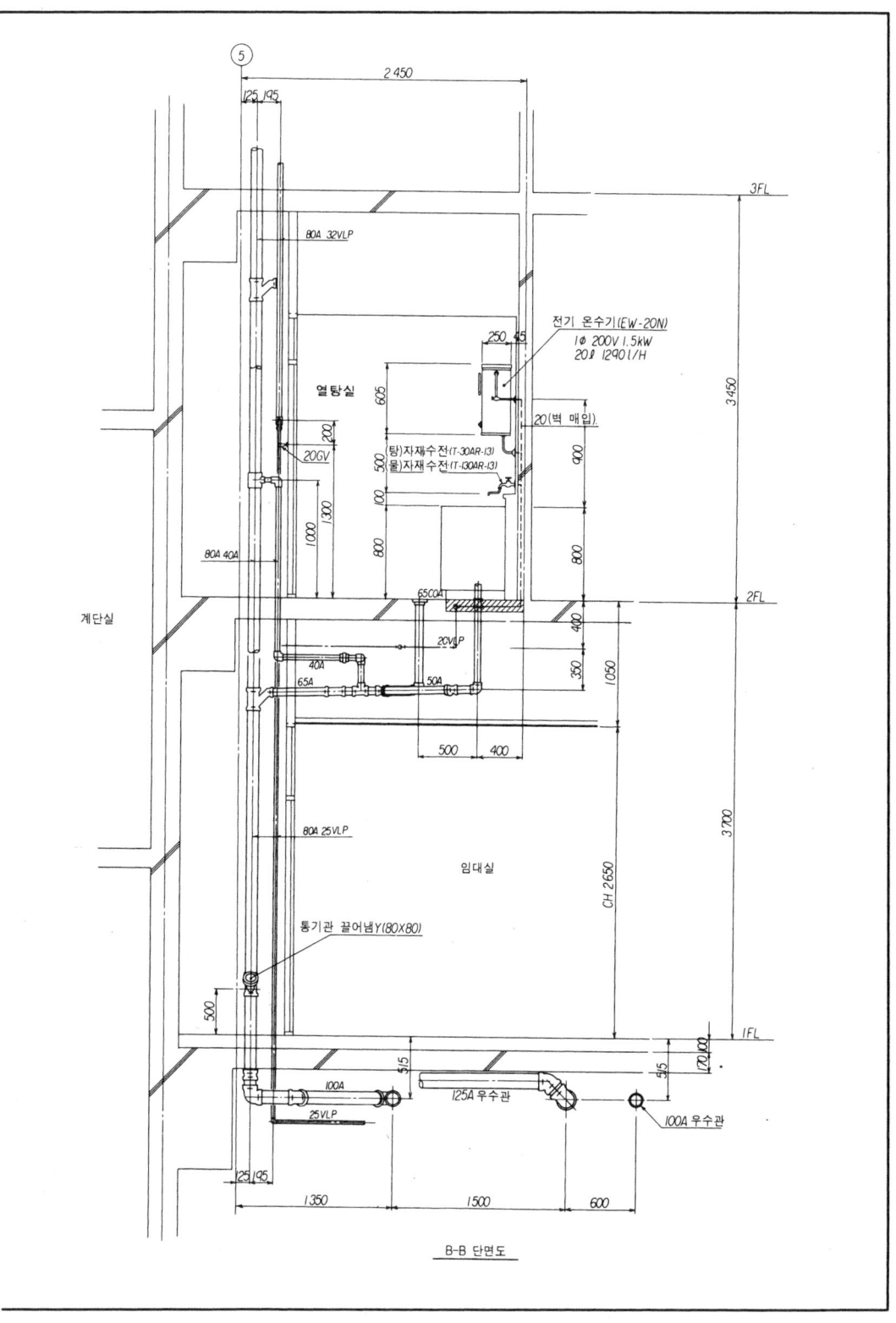

B-B 단면도

(7) 고가 탱크 주변의 배관 평면도

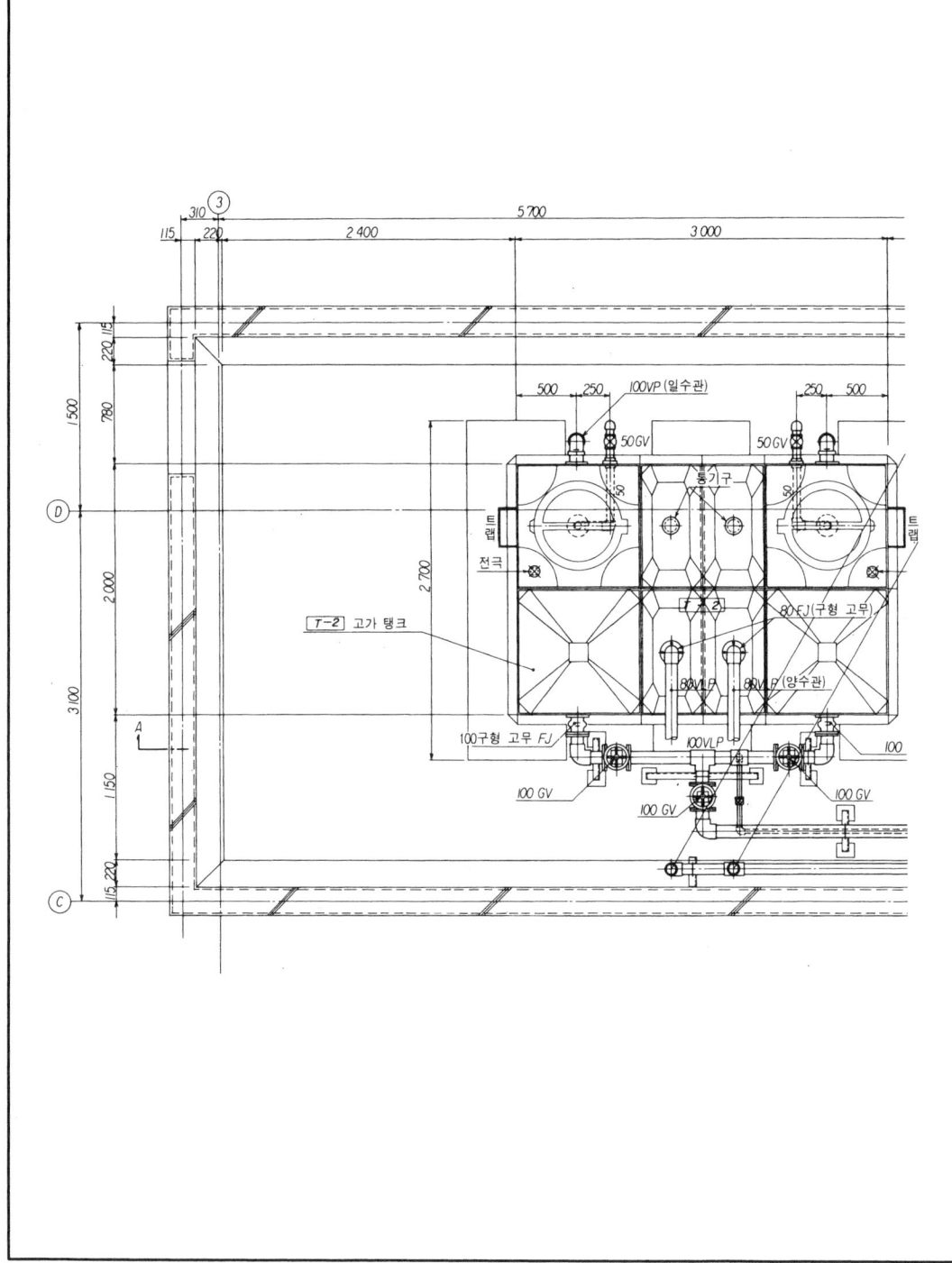

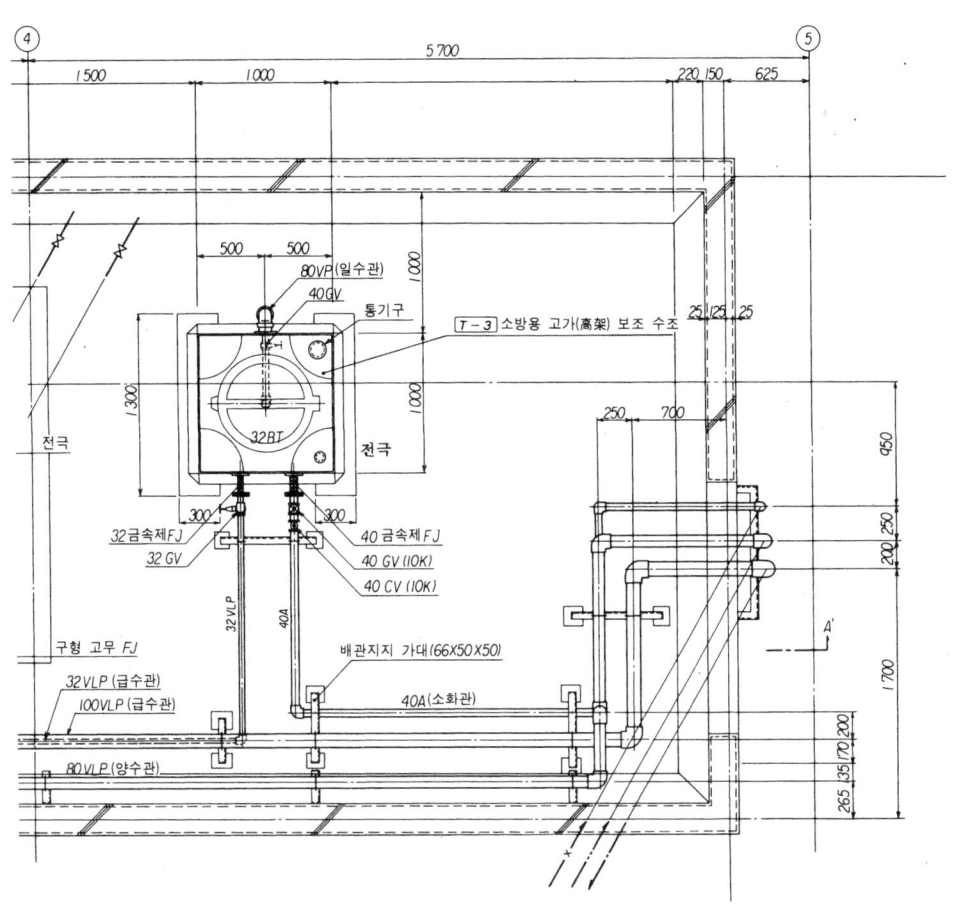

(8) 고가 탱크 주변의 배관 단면도

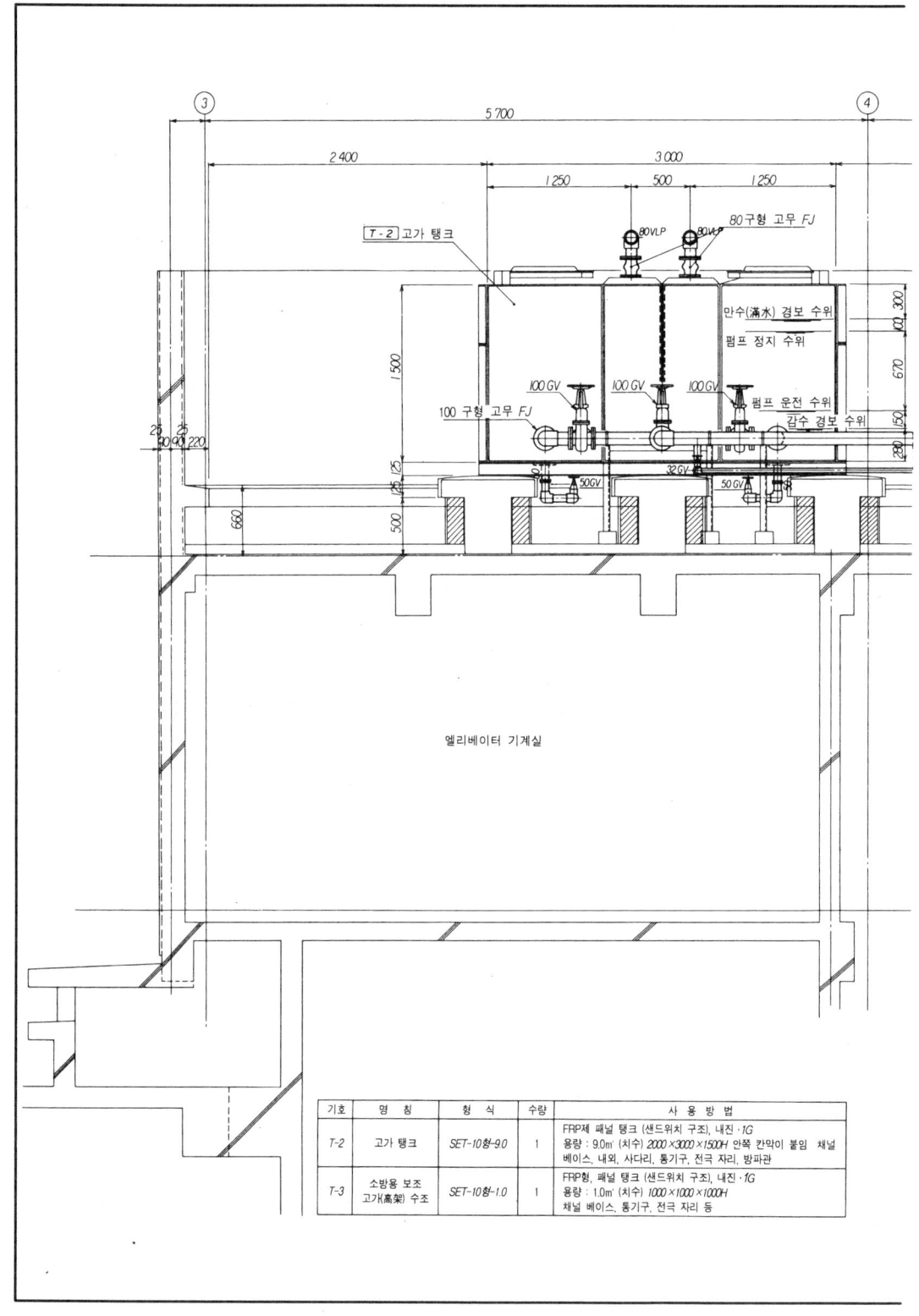

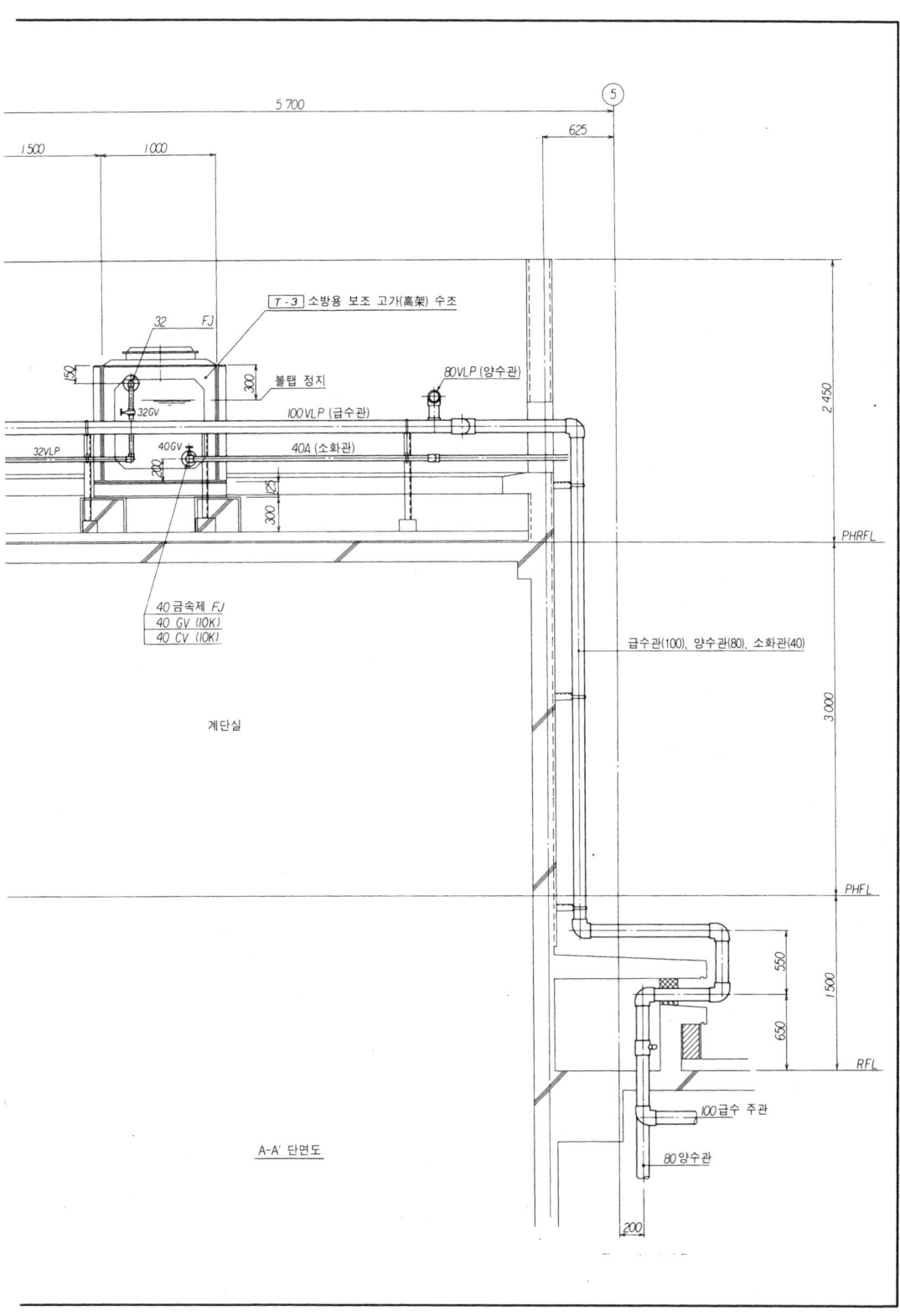

(9) 외장 배수관의 평면도·단면도

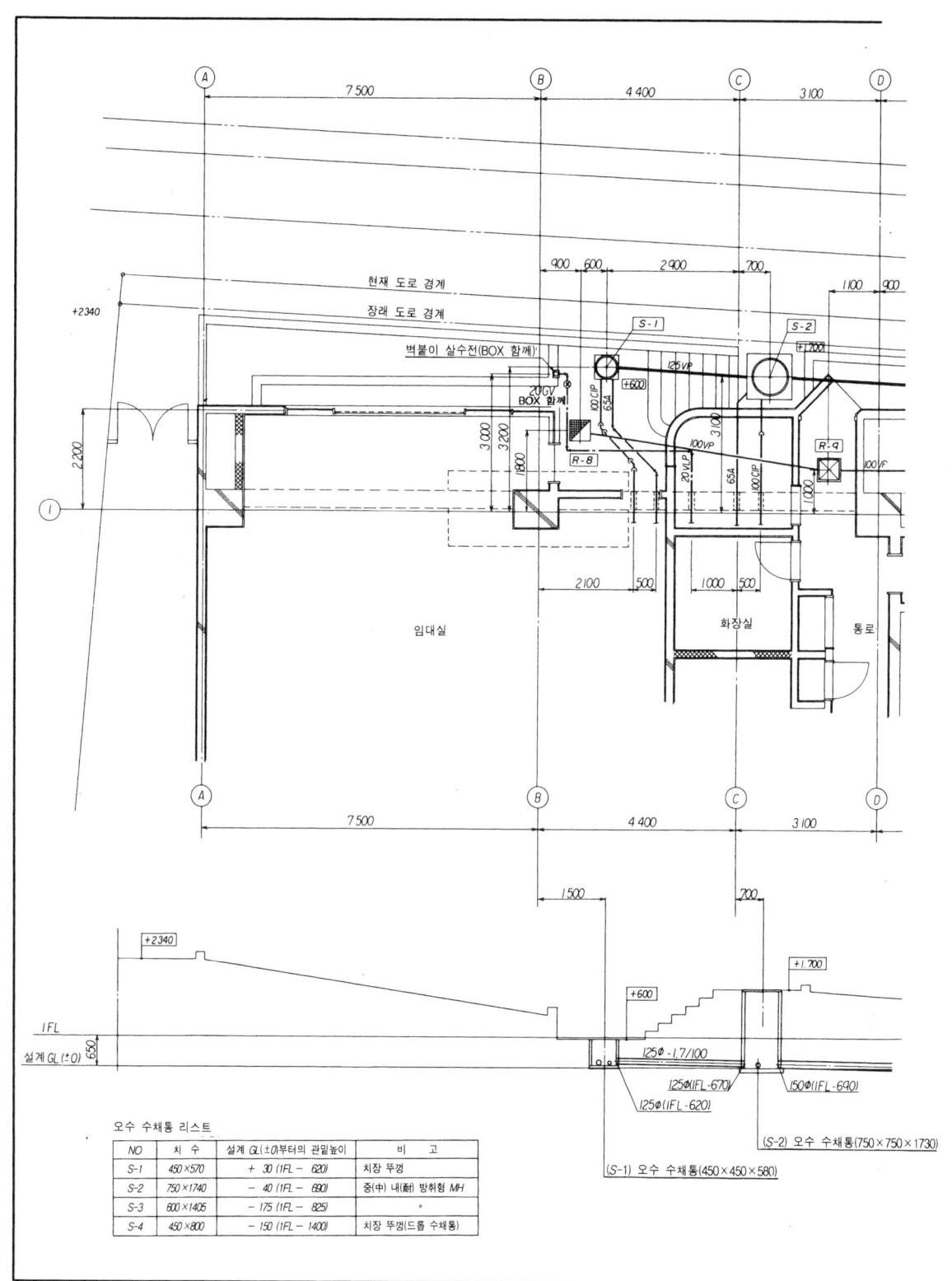

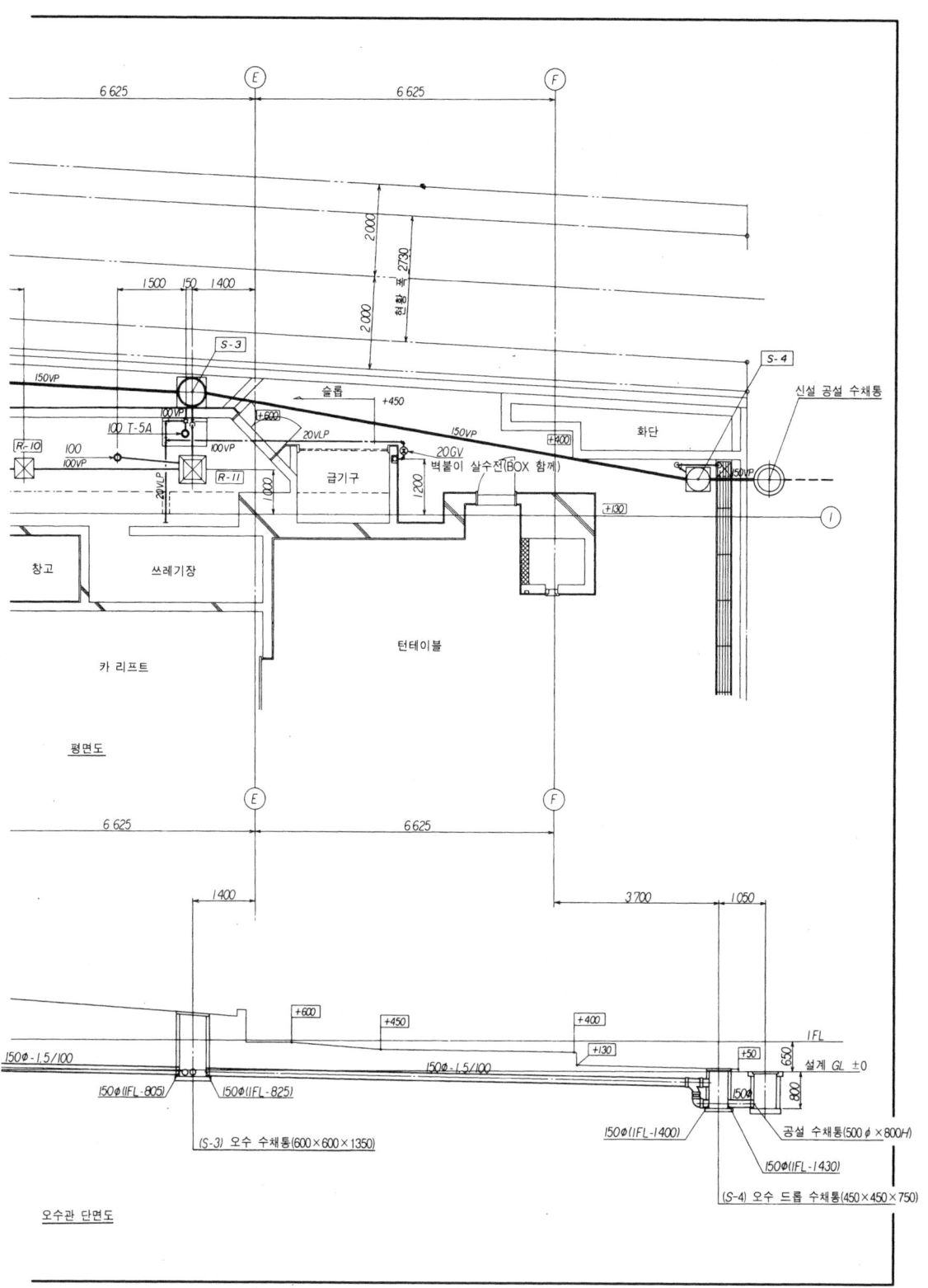

부록 I 건축 및 급배수 약어와 기호표

약 호	원 어	우리말표기
ⓐ	AT	~에서
A. B.	Anchor Bolt	앵커 보울트
ABBREV.	Abbreviation	약 어
ABS.	Asbestos	석 면
A. C. B.	Asbestos Cement Board	석면 슬레이트관
ACST.	Acoustic	음 향
ACST. PLAS.	Acoustical Plaster	음향 플라스터
ACT.	Actual	실제의
ADD.	Addition	부 기
AGGR.	Aggregate	자갈 (콘크리이트의 골재)
AIRCOND.	Air Conditioning	에어 컨디셔닝
APPD.	Approved	인정하는
ARCH.	Architecture, Architectural	건축, 건축의
ASRH.	Asphalt	아스팔트
A. T.	Asphalt tile	아스팔트 타일
AUTO.	Automatic	자 동
AX.	Axis	축
B.	Bath Room	욕실
BD.	Board	판
B. H.	Boiler House	독립 보일러실
B. L.	Building Line	건축 기준선
BLDG.	Building	건 물
BLK.	Block	블 록
BLR.	Boiler	보일러
BM.	Beam	보
B. M.	Bench Mark	표준점
B. M.	Bending Moment	휨 모우먼트
BOT.	Bottom	토 대
B. P.	Blue Print	청사진
BR.	Bed Room	침실
B. R.	Boiler Room	보일러실 (옥내)
BRK.	Brick	벽 돌
BRS.	Brass	황 동
BRZ.	Bronze	청 동
BSMT.	Basement	지하실
BT.	Bent	굽 은

약 호	원 어	우리말표기
BT.	Bolt	보울트
C 또는 CL.	Center Line	중심선
CAB.	Cabinet	옷장
C. B.	Coal Bin	저탄고
CEM.	Cement	시멘트
CEM. MORT.	Cement Mortar	시멘트 모르타르
CEM. P.	Cement Water Paint	물시멘트 페인트
CEM. PLAS.	Cement Plaster	시멘트 플래스터
CER.	Ceramic	사기
CIG.	Ceiling	천장
C. J.	Control Joint	컨트롤 조인트
CL.	Closet	골방
CLA.	Class	반
CLR.	Clear	정확하게
C. O.	Clean Out	청소구
COL.	Column	기둥
CONC.	Concrete	콘크리이트
CONC. B.	Concrete Block	콘크리이트 블록
CON. C.	Concrete Ceiling	콘크리이트 천장
CONC. F.	Concrete Floor	콘크리이트 바닥
CONST.	Construction	공사
CONT.	Continuous	연속
COP.	Copper	구리
COR.	Corner	모서리
CORR.	Corridor	복도
CORRG.	Corrugated	골진
C. T.	Ceramic Tile	사기 타일
C. TO C.	Center to Center	중심에서 중심까지
CTR.	Center	중심
CTR.	Counter	카운터
CYL. L.	Cylinder Lock	실린더 자물쇠
DET.	Detail	상세도
DIA.	Diameter	지름
DIM.	Dimension	치수
DIST.	Distance	거리
DIST. 또는 DO.	Ditto	앞과 같음
D. J.	Dummy Joint	더미 조인트
DN.	Down	아래
D. R.	Dining Room	식당
DR.	Drain	드레인

약 호	원 어	우리말표기
D. S.	Down Spout	홈 통
DWG.	Drawing	제도 도면
EA.	Each	각 각
EL. 또는 ELEV.	Elevation	압면도
ELEC.	Electric	전 기
ENT.	Entrance	현 관
EQUIP.	Equipment	장비 설비
EST.	Estimate	견 적
E. TO E.	End to End	끝에서 끝까지
EXP.	Exposed	노 출
EXP. BT.	Expansion Bolt	익스팬션 보울트
EXP. JT.	Expansion Joint	익스팬션 조인트
EXT.	Exterior	외 부
F. BRK.	Fir Brick	내화 벽돌
F. D.	Floor Drain	플로어-드레인
F. DR.	Fire Door	방화문
F. H. C.	Fire Hose Cap	소화 호오스 연결구
F. H. W. S.	Flat Head Wood Screw	납작머리 나사못
FIG.	Figure	도 형
FIN.	Finish	끝맺음
FIN. FL.	Finish Floor	끝맺음 바닥
FL.	Floor	바 닥
FND.	Foundation	기 초
F. PRF.	Fire Proof	내 화
FR.	Frame	형 틀
F. S.	Far Side	원 측
F. S.	Full Size	실 측
FT.	Feet, Foot Feet.	피이트
FTG.	Footing	기 초
GA.	Gage	게이지
GALV.	Galvanized	전기 도금한
G. I. S.	Galvanized Iron Sheet	아연 철판
G. L.	Ground Line	지 면
GL. BL.	Glass Block	유리 블록
GRN.	Green	녹 색
GYP.	Gypsum	석 고
HDW.	Hardware	철 물
HGT. 또는 H.	Height	높 이
HOR.	Horizontal	수평의
HTG.	Heating	난 방

약 호	원 어	우리말표기
I. D.	Inside Diameter	안지름
IN.	Inch	인 치
INCL.	Include	포함하다
INS.	Insulation	절 연
INT.	Interior	내 부
JT.	Joint	조인트
L.	Line	선
L. 또는 LE. 또는 LGTH.	Length	길 이
LAB.	Laboratory	실험실
LAD.	Ladder	사다리
LAV.	Lavatory	세면소
LB(s).	Pound(s)	파운드
LBR.	Lumber	재 목
LEV.	Level	수 평
LINO.	Linoleum	리놀륨
L T.	Light	빛
LVD.	Louvered Door	비늘판 문
MATL.	Material	재 료
MAX.	Maximum	최대의
MEC.	Mechanic	기 계
MECH.	Mechanical	기계의
MET.	Metal	금 속
MH.	Manhole	맨호울
MIN.	Minimum	최소의
MISC.	Miscellaneous	여러가지의
M. O.	Masonry Opening	벽돌 혹은 블록벽돌의 트인
M. PART.	Movable Partition	가동할 수 있는 벽
N. I. C.	Not in Contract	계약에 포함하지 않음
NO.	Nail	못
NO.	Number	번 호
N. S.	Near Side	근 측
N. S.	Non Slip	논 슬립
O. C.	On Center	중심거리
O. D.	Outside Diameter	바깥지름
OFF.	Office	사무실
OPNG.	Opening	개구부
OPP.	Opposite	반 대
O. TO O.	Out to Out	밖에서 밖까지
PARTN.	Partition	분할 구분
PC.	Piece	조 각

약 호	원 어	우리말표기
PG.	Page	페이지
PLAS.	Plaster	플래스터
PL. 또는 R.	Plate (Steel)	철 판
PLMB.	Plumbing	연판 공사
PLSTC.	Plastic	플라스틱
PNL.	Panel	판 자
POL.	Pollshed	닦은 광택 있는
PR.	Pair	짝
PRMLD.	Premolded	미리 묻어 놓은
P. SL.	Pipe Sleeve	파이프 슬리이브
P. S. I.	Pounds per Square Inch	제곱인치당 파운드
PTD.	Painted	페인트 칠한
R.	Riser	계단 높이
R. 또는 r.	Radius	반지름
RAD.	Radiator	방열기
RD.	Road	길
R. D. REF.	Roof Drain Reference	지붕 드레인
REINF.	Reinforcing	보강한
RF.	Roof	지 붕
RFG.	Roofing	루우핑
RM.	Room	방
RT.	Right	오른쪽
RUB.	Rubber	고 무
SC.	Scale	축 척
SCUP.	Scupper	배수관
SECT.	Section	단 면
SERV.	Service	서어비스
SHT.	Sheet	장
SK.	Sink	개수기
SLV.	Sleeve	슬리이브
S. M.	Surface Measure	표면 측정
SPEC.	Specifications	시방서
SQ.	Square	정사각형
ST.	Stairs	계 단
STD.	Standard	표 준
STG.	Storage	창 고
STL.	Steel	철
STN.	Stone	돌
STR.	Structure	구 조
SUR.	Surface	표 면

약 호	원 어	우리말 표기
S. V.	Safety Valve	안전 밸브
SW.	Switch	스위치
SYM.	Symbol	기 호
T.	Toilet	변 소
T. C.	Terra-Cotta	테라코타
TECH.	Technical	기술의
TEL.	Telephone	전 화
TEMP.	Temperature	기 온
TER.	Terrazzo	테라조
THK.	Thickness	두 께
TYP.	Typical	대표적인
UP	Up	위
UR.	Urinal	소변기
VENT.	Ventilate	환기하다
VENT.	Ventilator	환기 장치
VERT.	Vertical	수직의
VEST.	Vestibule	현 관
VOL.	Volume	용 량
W.	Wall	벽 체
W. C.	Water Closet	변 소
WD.	Wood	목재, 나무
W. H.	Water Hole	물구멍
W. HSE.	Ware-House	창 고
WTH.	Width	폭

부록 Ⅱ 그림해설 건축설비 기호

명 칭	도기호	도 해	명 칭	도기호	도 해
치 수 선			수 목 (3)		
치 수 선			수 목 (4)		
치 수 선			수 목(등)		
기 준 선			등나무 파고라		
보조기준선			인접경계선		
물 매			도 로		
방 위			잔 디		
방 위			건축면적		
수 목 (1)			수 목 (5)		
수 목 (2)			수 목 (6)		

명 칭	도기호	도 해	명 칭	도기호	도 해
수 목 (7)			변 소 (소·대변용)		
사 람			싱 크 대		
사 람			가 스 렌 지		
2인용침대			욕 실 욕 조		
양 복 장			장 식 장		
자리(다다미)			반 침		
양 탄 자			흙 바 닥		
계 단(곧은)			마 루 바 닥		
계 단(꺾임)			복 도		
1인용침대			툇 마 루		

명 칭	도기호	도 해	명 칭	도기호	도 해
수 세 기			멍 에		
화 장 실(男)			토 대		
귀 잡 이 보	——·——		장 선 받 이		
보(깔 도 리)	————		계 단	⊠	
층 도 리	⊠		지 붕 보		
장 선	————		목조기둥(심벽) 1/100 심벽	⊠	
중 도 리	——·——		장 선		
추 녀	------		통 재 기 둥	⊡	
샛 기 둥	☐		평 기 둥	☐	
귀잡이토대	——·——		장 선 받 이		

명 칭	도기호	도 해	명 칭	도기호	도 해
중 도 리	—··—		회 전 창		
용 마 루	—···—		오르내리창		
바람막이판	-------		붙박이겸한 여닫이문		
층 도 리			3짝미서기문		
가 새	○		도어아이설치한 쌍여닫이문		
가 새 (X형)	⊗		창호상세(1)		
기둥(통재기둥) 1/100 (평벽)			창호상세(2)		
기둥과 샛기둥1/100 (1)			출입문(단면)		
미 서 기 문			쌍미닫이문		
셔 터			외미닫이문		

명 칭	도기호	도 해	명 칭	도기호	도 해
덧 문			일 반 창		
미닫이문집			미 서 기 창		
Sliding door 빈 지 문			창 살 댄 창		
망 사 문			철격자돌출창		
오르내리창			차면시설한창		
셔터붙인창			고창붙인창		고창붙임
갸 라 리 창			망사붙인 미서기창		
세짝미서기창(1)			회전·밀창 고 정 창		
세짝미서기창(2)			쌍여닫이창		
네짝미서기창			한쪽여닫이창		

명 칭	도기호	도 해	명 칭	도기호	도 해
안전창대붙인창			주 름 문 (하모니도어)		
접 문 창			쌍여닫이창	여는방향표시	
들 창			회 전 문		
쌍여닫이문			아코디온문 접 문		
외여닫이문			들 창		
(현관문) 쌍여닫이문			미서기창		
쌍여닫이방화문			붙박이창	Fix	
자재쌍여닫이문			여닫이창		
자 재 문			내 밀 창	욕실·화장 실용 단면	
회 전 창	창호리스트 대략1/50		외미서기창	Fix 점선쪽으로 여닫는다.	

명 칭	도기호	도 해	명 칭	도기호	도 해
안팎자재여닫이			외여닫이창		
안팎자재쌍여닫이			한쪽자재여닫이		
쌍여닫이창			알미늄 쌍여닫이창	Al G / 철근건축 1개소에 2중류 이상의 개폐 방법이 있을때	
회전창(가로)			스티일섀시 오르내창	SI G / 재료번호 열림 가로	
밀어내기창			외접이		
좌우신축(伸縮) (주름문)			중축접이		
미서기창			붙박이창 (떼내기)		
쌍미닫이			외미닫이		
오르내림창			파단선		
회전창(가로)			측면도		

명 칭	도기호	도 해	명 칭	도기호	도 해
중 심 선 (일점쇄선)			빠데(창호용)		
단 면			코킹콤파운드		
원형파단선			비스·나사못		
숨 은 선			(GL) 지 반 선 (1)		
목재의표면(1)			목 제 표 면 (2)		
타 일 (1)			지 반 단 면 (2)		
타 일 (2)			오 지 벽 돌		
유 리			드 리 조 올		
방 충 망			단 열 재		
모자익타일 1/100			제물치장콘크리트		

명 칭	도기호	도 해	명 칭	도기호	도 해
인조석물갈기			판유리(2중유리)(페어그라스)		
테 라 죠 (TERRAZZO)			테라코타타일		
치 장 재			라 스 (1) 메 탈 라 스		
금 속 재			라 스 (2) 메 탈 라 스	메탈라스 / 와이어라스 / 리브라스	
석재(대리석)			나무구조벽체(1)		
집 성 목 재			나무구조벽체(2) (심 벽)		
철근콘크리트			나무구조벽체(3) (평 벽)		
무근콘크리트			철 골 벽		
흡음재·단열재			돌붙임벽체(1)		
판 유 리 (1)			돌붙임벽체(2)		

명 칭	도기호	도 해	명 칭	도기호	도 해
블럭벽체일반(1)			잡석다짐(1)		
경량블럭벽체			잡석다짐(2)		
콘크리트블럭벽체			기 둥 재 (목 재)		
블럭벽체일반(2)			꺽 쇠		
콘크리트벽			보 울 트		
벽 돌 벽			통 나 무		
몰 탈 마 감			보조재(단면)		
모래·자갈지정(1)			치 장 재		
모래·자갈지정(2)			기둥과 벽 1/200 (심 벽)		
석 재			평 벽		

그림해설 건축설비 기호   185

명 칭	도기호	도 해	명 칭	도기호	도 해
구조재 (단면)			개구부와 창		
나무구조벽상세				1950 / SW7 / 850 — 창의 개구부의 안쪽치수 / 창호부호 / FL에서 개구부하단의 높이 (콘크리트치수)	
라스몰탈(1)			출입구의 개구부		
경량 벽 1/50				2,310 / SD7 / 30 — 개구부의 안쪽높이 / 창호부호 / FL에서 개구부 하단의 높이	
헌 치	헌치기호 / 1000×350 / 헌치길이 헌치춤		보		
방 화 벽				350 / G / 650 — 보의 나비 / 구조부호 나비×보의 춤 350×650 G의 보 / 보의 춤	
바닥판 (slab)			콘크리트 철근콘크리트벽		
자리 (다다미)(2)			철근콘크리트벽		
라스·몰탈(2)			철근콘크리트벽		
절 단 선			철근콘크리트벽		

명 칭	도기호	도 해	명 칭	도기호	도 해
철근콘크리트벽			독 립 기 초		
경량벽체(일반)			온 통 기 초		
2중마루판			주추돌기초		
쪽 마 루 판			리 벳(일반)		
콘크리트바탕에 후로링 깔기			C 형 강	C⊏ C-125×75×20 경량철골	
방수몰탈위 타일마감			Z 형 강	⌐ -75×45×1.6 가벼운 지붕에 사용	
프라스틱타일 또는 아스팔트타일			철 골 단 면		
옥상보호몰탈 옥상방수몰탈					
연 속 기 초			기 둥 · 보 (경량철골재)	---- 철근라티스 —— 프레이트의	
복 합 기 초					

명칭	도기호	도해	명칭	도기호	도해
작 은 보	B 4B₁ Beam의 약자 B 4는 층수표시, 1은 B 보의 1번.		관A가 도면과 직각으로 앞방향에 굽혀진 것을 표시하는 경우	A ●—	
벽	W W₁₅₀ Wall의 약자 W W120 W200		관B가 앞에서 도면에 직각으로 굽혀진것을 표시하는 경우	B ○—	
후 프 (대 근) HOOP	H P HOOP 의 약자		관C가 앞에서 도면에 직각으로 굽혀저 관D 에 접속하는 것을 표시하는 경우	C ○— D	
다이야고날 보조대근	DiA, D·Hoop		세 로 관	○/○	
압접이음철근	—◇—		온수난방송관	———	
SLEEVE 슬리브 250φ	—+—		온수난방되돌림관	- - - - -	
SLEEVE 슬리브 300φ	—#—		고압증기송관	—#—#—	
슬리브 350φ	—#—		고압증기되돌림관	—#—#—#—	
철근콘크리트			중압증기송관	—/—/—	
철근콘크리트			중압증기되돌림관	-/-/-/-	

명 칭	도기호	도 해	명 칭	도기호	도 해
저압증기송관	———		냉매흡입관	--RS----RS--	
저압증기되돌림관	-------		냉매토출관	--RD----RD--	
기 름 관	— o —		Brine 송관	—B—B—	
연료기름송관	—FC—FOF—		Brine 되돌림관	-BR----BR-	
연료기름되돌림관	-FOR---FOR-		급 수 관	--—--—	
기름저장탱크통기관	-FOV----FOV-		배 수 관	———	
가스공급관	—G—		냉수또는냉온수 송수관	—CH—CH—	
압축공기관	—A—A—		냉수또는냉온수 되돌림관	-CHR---CHR-	
공기빼는관	---------		냉각수송수관	—C—C—	
냉매액관	--RL----RL--		냉각수되돌림관	-CR----CR-	

명칭	도기호	도해	명칭	도기호	도해
평철판	F B 연결판·라티스 등에 FB=6		말뚝	⊕ + 말뚝의 종류와 길이를 표기함	
강철판	P L 卍 plate 의 약자 1.6㎜		기초지중보	F 펜디션(기초)의 약자 FG 1 FG 3 이다.	
봉강	⊘ ● 19ø 22ø 표기함 파이프의 약자		기둥	C (2C1) 콜럼의 약자 C 2는 층수를 표시. (즉 2층 첫번째의 기둥을 말함	
L 형강 (앵글)	L L-50×50×6		9㎜ 철근	× 구조도 (1/30) 1/20	
⊏ 형강 (채널)	⊏ ⊏-125×65×6		16㎜ 철근	○ 보리스트 기둥리스트 등에 사용	
I 형강 (I Beam)	I I-125×75×55		19㎜ 철근	●	
직경	⌀		22㎜ 철근	⌀	
리벳의 간격	@ 피치		25㎜ 철근	⊗	
옥상난간	R ROOF의 약자		보	G 2G₁ 거어더의 약자 G 2는 2층 1은 보 의 순서	
늑근스트랩	S. t		바닥판 (slab)	S 3S₄ 슬라브의 약자 S 3은 3층 4는 바닥 판의 순서	

명 칭	도기호	도 해	명 칭	도기호	도 해
신축이음 (슬립형)	—[]—		역막이밸브 (Check Valve)	—⧖— —●—	
신축이음 (Bellows형)	—⋀⋁—		안전밸브		
신축이음 (곡관형)	—∩—		감압밸브		
Strainer	—Ⓢ—		온도조절밸브		
기름분리기	—⊙S—		Dia frame Valve		
기수분리기	—⊙SS—		전자밸브		
밸브(Valve)	—⋈— —●—		전동밸브		
외돌림Gate밸브	—⋈—		공기빼는밸브		
내돌림Gate밸브	—●—		콕크(COCK)	—◇—	
앵글밸브			세방향콕크 3—Way Cock		

그림해설 건축설비 기호

명 칭	도기호	도 해	명 칭	도기호	도 해
Puckless Valve			주형방열기 표시형식	 쪽수 / 종별·형상 Tapping / 20 / II-700 / ¾×½	
압 력 계			세주형방열기 표시형식	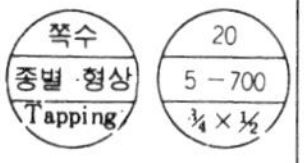 쪽수 / 종별·형상 Tapping / 20 / 5-700 / ¾×½	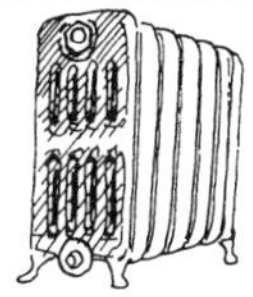
연성압력계			벽걸이형방열기 표시형식	 수평형 / 쪽수 / 종별·형상 Tapping / 4 / W-H / ¾×½ / 5 / W-V / ¾×½ / 세로형	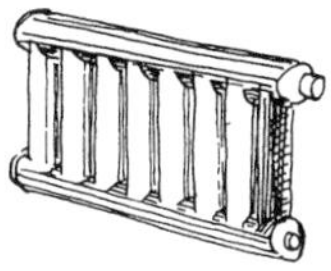
온 도 계			Filet부착방열기 표시형식	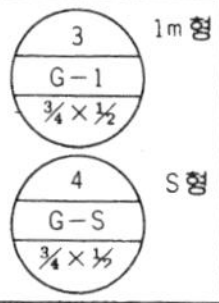 3 / G-1 / ¾×½ / 1m형 / 4 / G-S / ¾×½ / S형	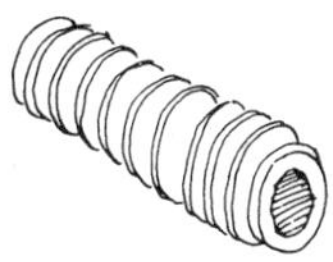
주 형 방열기 세주형	o▭o		Cabinet-heater 표준형식	 환산방열면적 / 형식×폭×높이 / Tapping / C-1000 / F×220×800 / ¾×½ / EDR·4.75㎡ 또는 EDR 4.75㎡	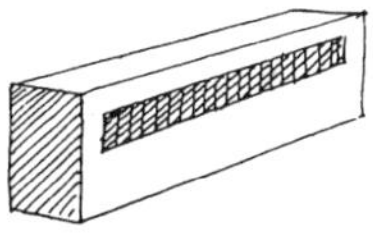
벽걸이형방열기 (벽 걸 이)	o▭o		Base-board heater 표시형식	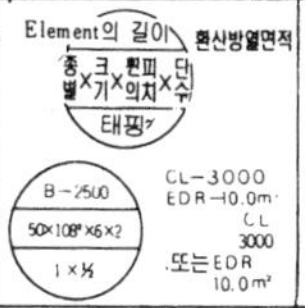 Element의 길이 / 환산방열면적 / 홑·크·핀피·단 별×기·의치×짚 / 태핑 / CL-3000 / 50×108°×6×2 / 1×½ / EDR·10.0㎡ C.L 3000 또는 EDR 10.0㎡	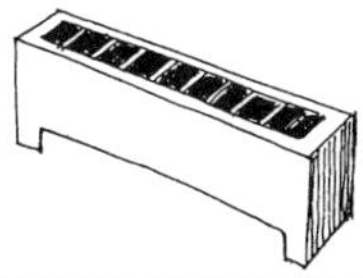
벽걸이형방열기 (수 평)	o▭o		송풍도 단면	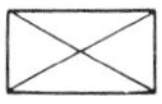 ⊠	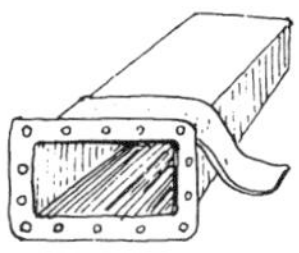
주물형콘벡타	o++++++++o		배기풍도단면	⊘	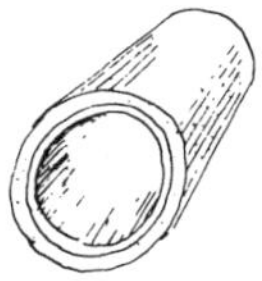
cabinet-heater (케비네트히타)	o▭o		배기풍도단면	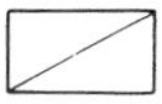 ▱	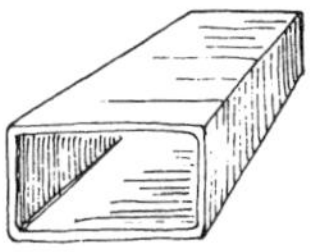
Baseboard-heater (베스보드히타)	▭		송풍도 단면	⊗	

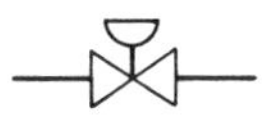

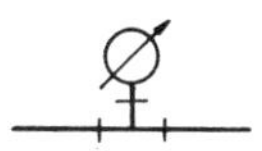

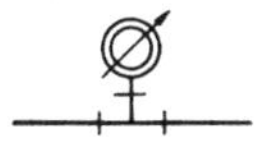

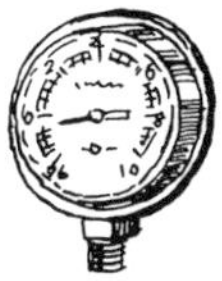

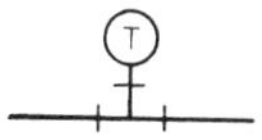

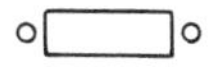

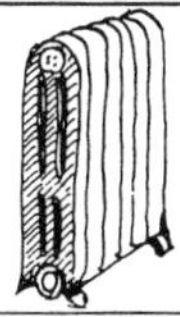

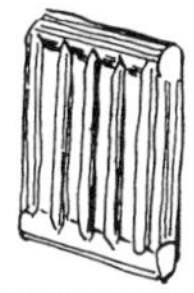

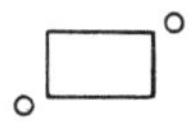

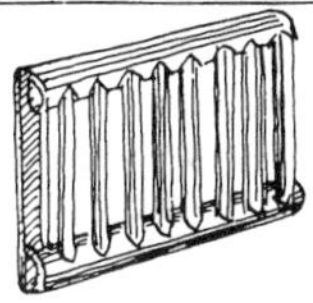

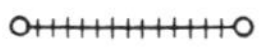

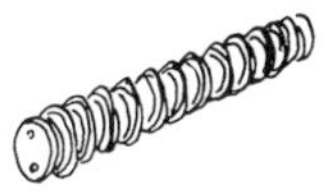

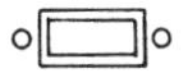

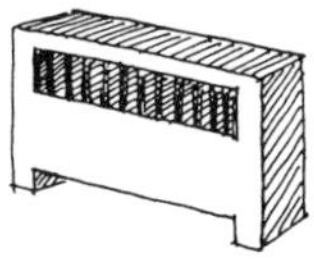

명 칭	도기호	도 해	명 칭	도기호	도 해
풍 도			분류 Damper 합류 Damper		
풍 도			방화 Damper		
벽송기구			배기 Gallery		
벽배기구			흡기 Gallery		
천정송기구			노즐형송기구 (Nozzle)		
천정송기구			canvas이음새		
천정배기구			Vane		
천정배기구			Vane		
풍량조절 Damper			고압증기 Trap		
풍량조절 Damper			저압증기 Trap		

명 칭	도기호	도 해	명 칭	도기호	도 해
Heating-coil	H/C (X)		Heating Cooling-Fan-coil-Unit (세로형)	H/C (X)	
Cooling-coil	C/C		Heating Cooling Fan-coil-Unit (가로형)	H/C (X)	
직접팽창형 Coil	D/X		수동팽창밸브		
Heating-cooling coil	H/C (X)		자동팽창밸브		
Heating Fan-coil-Unit (세로형)	H/C		고압압력스위치	H P	
Heating Fan-coil-Unit (가로형)	H/C (X)		저압압력스위치	L P	
Cooling Fan-coil-Unit (세로형)	C/C		고저압압력스위치	D P	
Cooling Fan-coil-Unit (가로형)	C/C		유압보호스위치	O P	
직접팽창형 Fan-coil-Unit (세로형)	D/X		감온통부착 Thermostat	T	
직접팽창형 Fan-coil-Unit (가로형)	D/X		감온팽창밸브		

명 칭	도기호	도 해	명 칭	도기호	도 해
자동제수밸브			온도조절기 (실내형)	T	
Flexible 이음새			온도조절기 (실내형)	T	
가로형수액기			온도조절기 (실내형)	T	
세로형수액기			온도조절기 (소형 unit 용)	T	
왕복압축기			온도조절기 (삽입형)	T	
Shell Coil 식 수냉응축기 (Condenser)	C		온도조절기 (삽입형, 지시형부착)	T	
Shell Tube식 수냉응축기	C		온도검출기 (실내형, 전자식)	T	
건식수냉각기	E		온도검출기 (삽입형, 전자식)	T	
만액식수냉각기 (Flooded Type)	E		로점온도검출기 (전자식)	T (DP)	
Dryer			습도조절기 (실내형)	H	

명 칭	도기호	도 해	명 칭	도기호	도 해
습도조절기 (실내형)	H		전자밸브 (Dia-Frame식)	SV	
습도검출기 (전자식)	H		Unit형전동밸브	MV	
전동2방향밸브	MV		전동 Damper (평행형)	MD	
전동소형2방향밸브	MV		전동 Damper (대향형)	MD	
전동3방향밸브	MV		원격(遠隔)설정기	Q	
전동소형3방향밸브	MV		전자관 Panel	P	
공동(空動)2방향밸브	PMV		릴 레 이 (Relay)	R	
공동(空動)2방향밸브	PMV		전원 Trans (변압기)	Tr	
Unit형공동(空動) 밸브	PMV		제어용 Motor	M	
공동(空動)소형3방 향밸브	PMV		스타프콘트롤 (제어용 Motor부착)	M - SC	

명칭	도기호	도해	명칭	도기호	도해
급수주철관	—⟨--⟨—		소화수관	—×—×—	
급수연관	—13-L—		Sprinkler 주관	—S—S—	
급수석면시멘트관	—100-A—		GAS 공급관	—G—G—	
급탕송관	—|—|—		관A가 도면에 직각으로 앞으로 굽혀진 것을 표시하는 경우	A ●—	
급탕되돌림관	—||—||—		관B가 앞에서 도면에 직각으로 굽어있는 것을 표시하는 경우	B ○—	
배수관	———		관C가 앞에서 도면에 직각으로 굽어서 관D에 접속하는 것을 표시하는 경우	C○ ○D	
통기관	----------		세로관	○ ○⎯	
배수주철관	—⟨--⟨--⟨—		Pipe-Anchor	—×—	
배수콘크리트관	—150-C—		Frange	—||—	
도관(오지토관)	—100-T—		Union	—|||—	

명 칭	도기호	도 해	명 칭	도기호	도 해
곡 관(曲 管)			90° 곡 관		
90° Elbow			45° 곡 관		
45° Elbow			2 수 J자관		
(Tee)			3 수 J자관		
벙어리 Frange (Plug)			3 수 十자관		
십 자			수차편낙관 (受差片落管)		
Cap			차수편낙관 (差受片落管)		
Bushing			90° 쌍수곡관		
Nipple			제수밸브부관(갑)		
Socket			소화전용(갑)관		

명 칭	도기호	도 해	명 칭	도기호	도 해
소화전용(을)관			45° 곡 관		
소화전용(병)관			Y 관		
드 레 인 관			쌍 Y 관		
이 음 링			90° Y 관		
단관(甲1호)			배 수 T 관		
단관(乙1호)			배 수 쌍 T 관		
모 갑(帽甲)			통 기 T 관		
나 팔 구			편낙관(片落管)		
90° 단 곡 관			U. Trap		
90° 장 곡 관			이 음 링		

명 칭	도기호	도 해	명 칭	도기호	도 해
편낙배수 T관			90° 쌍 Y		
통기구부착 90° Y관			90° 대곡 Y		
Frange부착 90° Y관			90° 대곡쌍 Y		
업라이트관			45° Y		
편심쌍 Y관			45° 쌍 Y		
편심 90° 쌍 Y관			Ducker		
90° Elbow			Increaser		
90° 대곡 Elbow			U Trap		
45° Elbow			밸 브		
90° Y			되돌림 Gate밸브		

명칭	도기호	도해	명칭	도기호	도해
내돌림 Gate 밸브			Sleeve 형신축이음		
Angle 밸브			Bellows 형신축이음		
Check 밸브			곡관형신축이음		
안전밸브			콕크(Cock)		
감압밸브			3방향콕크		
온도조정밸브			압력계		
Dia Frame 밸브			수량계		
전자밸브			바닥위소제구		
전동밸브			바닥아래소제구		
공기빼는밸브			Grease Trap		

명칭	도기호	도해	명칭	도기호	도해
기 름 Trap	—⊙OT—		Bath Tub	◦B ◦B	
바닥배수 Trap	⊘—		세정용 Low Tank	LT LT	
루프드레인	⊘—		세정용 High Tank	HT	
Trap 통	T T		대 변 기	◯	
사설오수통	□ ◯		대 변 기	◯	
사설빗물통	⊠ ⊗		양 변 기	◯◯	
공중수채통	□ ◎		소 변 기	▽	
수 도 꼭 지 水栓類 (가랑)	✕ ●		Stall 소변기	▭	
분수음수기	□DF ◯DF		세 면 기	◉	
Bath Tub (베스튜브)	□B		수 세 기	◉ ◈	

명 칭	도기호	도 해	명 칭	도기호	도 해
개 수 기			GAS 꼭 지	▲	
청소용개수기	SS		GAS 계 량 기	GM	
세 정 밸 브			일반수도꼭지		
Bbll-Tap			벽붙이실험실꼭지 Single chemical wall mount faucet		
Shower			세로수도꼭지 Basin cock deluxe		
살수전(撒水栓)			가로자재수도꼭지		
화세전(靴洗栓)			세로자재수도꼭지		
수 탄(水呑) Drinking Fountain			여로(如露)수도꼭지		
목제수도관주			옥 내 소 화 전		
강관, 수 도 관 주			옥 외 소 화 전 (스텐드형)	H	

명 칭	도기호	도 해	명 칭	도기호	도 해
옥외소화전 (매설형)	H		직 선 관 (socket형)	⊃—⊂	
송 수 구			직 선 관 (Frenge형)	—⊣⊢—	
방화전(쌍구)			＋ 자 관	⊣⊢	
방화전(단구)			Ｔ 자 관		
GATE 밸브	⋈		Ｔ 자 관 (소켓형)		
양 수 기	M		편 낙 관 (片落管)		
소 화 전	H		90° 곡 관 (소켓형)		
복 월 관 (伏越管)			90° 곡 관 (Frange형)		
배수관부착맨홀	--○--		乙 자 관		
펌 프 장	P		이음새관		

명 칭	도기호	도 해	명 칭	도기호	도 해
단　관 (甲)	┤─┤		화재경보설비 수신기(표시기)	▭	
단　관 (乙)	├──		화재경보등	Ⓛ	
차 동 식 Spot형 감 지 기	⌒		표 시 판	◁	
보 상 식 Spot형 감 지 기	⌒		경　보 누름Button	◉	
정 온 식 Spot형 감 지 기	⌒		배선용전선(일반)	──	
공기관및 열전대선	────		배선용전선(2줄)	──//──	
감 지 선	─⊙─		접 지	⏚	
자동화재경보 설비의발신기	Ⓕ		단 자	○ ●	
화재경보Bell	F		퓨우즈(Fuse)	(A) (B)	
화재경보설비 수 신 기	⊠		퓨우즈(Fuse)	(A) (B)	

명 칭	도기호	도 해	명 칭	도기호	도 해
개 폐 기 (Pull Switch)	S		ス Speaker カ	◯	
전자 개폐기 (Circuit Breaker)	$		화재경보 Bell (자동화재경보 설비의발신기)	F / (F)	
푸 시 버 튼 (Circuit Breaker push Button)	● B		I 형홈용접		
수동자동복귀접점 (누름 Button Switch)	a접점 b접점		I 형홈용접 (양 측)		
녹 색 등	GL		V 형홈용접 (기선에 대칭으로 기호를 기재한다)		
적 색 등	RL		X 형홈용접 (양 측)		
환 풍 기 (환기 FAN)	∞		U 형홈용접 (기선에 대칭으로 기호를 기재한다)		
전 열 기	H		H 형홈용접 (양 측)		
Window 형 Room Cooler	RC		V 형홈용접 (기선에 대칭으로 기호를 기재한다)		
Inter Phone (친) (자)	◯ ◯		K 형홈용접		

명 칭	도기호	도 해	명 칭	도기호	도 해
필릿용접 (연 속)			온둘레용접 (연속필릿용접)		
현장용접 (연속필릿용접)			온둘레현장용접 (연속필릿용접)		

급배수·위생시공도 보는 법·그리는 법

```
2002.  4. 22.  초      판 1쇄 발행
2014.  1. 10.  개정증보 1판 1쇄 발행
2017. 12. 11.  개정증보 1판 2쇄 발행
```

지은이 | 시공도위원회
옮긴이 | 최하식
펴낸이 | 이종춘
펴낸곳 | BM 주식회사 성안당
주소 | 04032 서울시 마포구 양화로 127 첨단빌딩 5층(출판기획 R&D 센터)
       10881 경기도 파주시 문발로 112 출판문화정보산업단지(제작 및 물류)
전화 | 02) 3142-0036
       031) 950-6300
팩스 | 031) 955-0510
등록 | 1973. 2. 1. 제406-2005-000046호
출판사 홈페이지 | www.cyber.co.kr
ISBN | 978-89-315-6378-8 (13540)
정가 | 25,000원

이 책을 만든 사람들
기획 | 최옥현
진행 | 이희영
교정·교열 | 문 황
전산편집 | 이지연
표지 디자인 | 박원석
홍보 | 박연주
국제부 | 이선민, 조혜란, 김해영
마케팅 | 구본철, 차정욱, 나진호, 이동후, 강호묵
제작 | 김유석

이 책의 어느 부분도 저작권자나 BM 주식회사 성안당 발행인의 승인 문서 없이 일부 또는 전부를 사진 복사나 디스크 복사 및 기타 정보 재생 시스템을 비롯하여 현재 알려지거나 향후 발명될 어떤 전기적, 기계적 또는 다른 수단을 통해 복사하거나 재생하거나 이용할 수 없음.

■ 도서 A/S 안내

성안당에서 발행하는 모든 도서는 저자와 출판사, 그리고 독자가 함께 만들어 나갑니다.
좋은 책을 펴내기 위해 많은 노력을 기울이고 있습니다. 혹시라도 내용상의 오류나 오탈자 등이 발견되면 **"좋은 책은 나라의 보배"**로서 우리 모두가 함께 만들어 간다는 마음으로 연락주시기 바랍니다. 수정 보완하여 더 나은 책이 되도록 최선을 다하겠습니다.
성안당은 늘 독자 여러분들의 소중한 의견을 기다리고 있습니다. 좋은 의견을 보내주시는 분께는 성안당 쇼핑몰의 포인트(3,000포인트)를 적립해 드립니다.
잘못 만들어진 책이나 부록 등이 파손된 경우에는 교환해 드립니다.